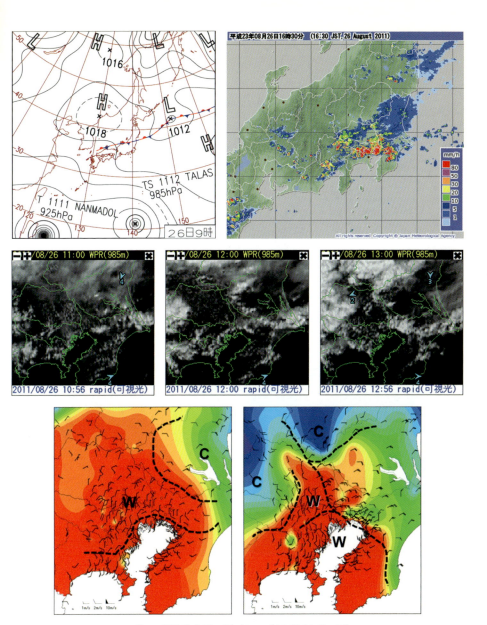

口絵1 局地的大雨の例(2011年8月26日の雨)
(左上) 2011年8月26日9時の地上天気図.(右上) 8月26日16時30分の降水強度,気象庁降水ナウキャストより.(中段) 8月26日11時から13時までの1時間おきの静止衛星可視画像.(下段) 8月26日12時と14時の地表風と気温.気象庁アメダスと環境省大気汚染物質広域監視システムによる.破線は下層風から推定した収束線もしくはシアーライン(風の不連続線).CとWは,それぞれ気温の低い領域と高い領域を示す.斉藤ほか(2016)より.[本文図1.9参照]

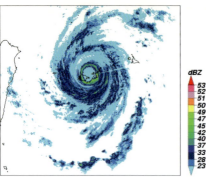

口絵2 レーダー反射強度のPPI (plan position indicator) 画像

2015年7月23日21時10分石垣島レーダー,気象庁による.アンテナの仰角を一定にして観測したレーダー反射強度の分布.台風第15号の目が明瞭に見える.[本文図2.7参照]

口絵3 レーダーのドップラー速度の仰角1.1°のPPI画像

アンテナの仰角を一定にして観測したドップラー速度の分布.レーダーに対して近づく風の領域を寒色系,遠ざかる風の領域を暖色系で示した.島の南西の空白域は台風第15号の目.南側の赤色は,折り返し現象で実際には近づく風速が最も大きい領域.2015年7月23日21時10分石垣島レーダー.[本文図2.8参照]

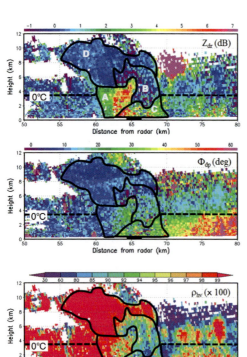

口絵4 偏波情報(2014年6月24日14時37分気象研究所)

降水域の Z_{dr}, Φ_{dp}, ρ_{HV} のPPI画像.東京に激しいひょうをもたらした積乱雲の鉛直断面.点線は0°C高度.実線は推定された降水粒子の種別の境界.Aは大粒の雨,Bはひょう,Cは溶けているひょう,Dは氷晶またはあられ.[本文図2.11参照]

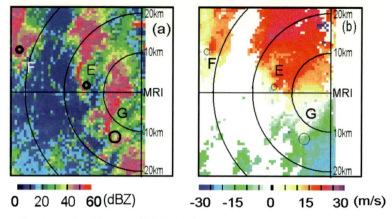

口絵 5 1990 年 9 月 19 日に栃木県壬生市を襲った竜巻の親雲中などのメソサイクロン（E, F, G の○）
（左）レーダー反射強度，（右）ドップラー速度．気象研究所ドップラーレーダーの位置を MRI で示す．［本文図 2.24 参照］

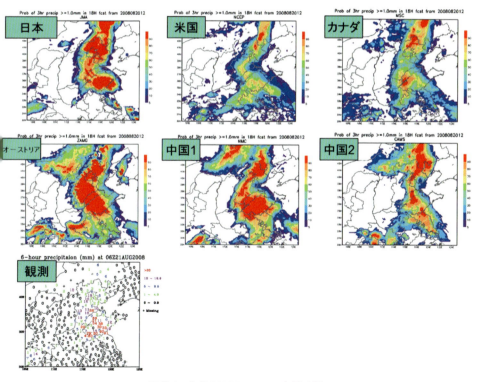

口絵 6 北京 2008 RDP での各国予報
2008 年 8 月 20 日 12 UTC（北京地方時では 20 時）を初期値とする 18 時間予報による，3 時間に 1 mm 以上の降水がある確率の分布図．中国 1 は中国気象科学院，中国 2 は中国気象局．Saito et al.（2010a）を改変．［本文図 3.20 参照］

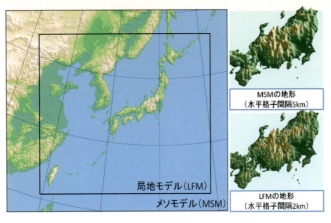

口絵7 気象庁メソモデル(MSM)と局地モデル(LFM)の計算領域と地形

気象庁ホームページより．[本文図3.29参照]

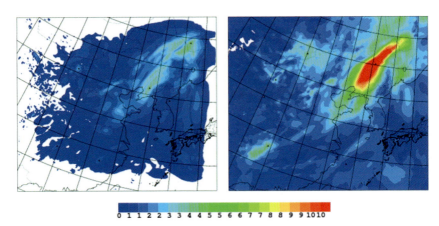

口絵8 北京2008 RDPにおけるメソアンサンブル予報実験での850 hPa高度の南北風のアンサンブルスプレッド（FT＝36）

(左) 境界摂動なしの場合．(右) 境界摂動ありの場合．FTは予報時間 (forecast time) の意味．Saito et al. (2012) より．[本文図3.35参照]

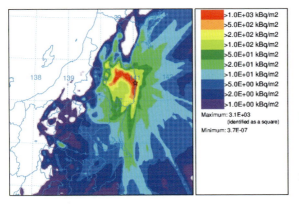

口絵9 日本学術会議のモデル相互比較に提出された，気象庁メソ解析の雨量を用いたRATM計算によるセシウム-137の積算沈着量

2011年3月11日〜3月31日．Saito et al. (2015) より．[本文図3.54参照]

気象学の
新潮流
新田　尚
中澤哲夫
斉藤和雄
［監修］

④

メソ気象の監視と予測

集中豪雨・竜巻災害を減らすために

斉藤和雄
鈴木　修　［著］

朝倉書店

は じ め に

　日本は気象災害の国である．近年でも，平成23年7月新潟・福島豪雨（2011年），平成24年7月九州北部豪雨（2012年）など毎年のように豪雨による大きな災害が発生している．また2011年9月には台風第12号が紀伊半島などに甚大な被害をもたらし，2013年10月には台風第26号が伊豆大島で多数の死者を出す土石流災害を引き起こしている．2012年5月には茨城県などで大きな竜巻災害も発生している．著者らが本書執筆を開始してからも，平成26年8月豪雨（2014年）では広島市で多数の死者を出す土石流災害が発生し，平成27年9月関東・東北豪雨（2015年）では鬼怒川堤防の決壊を含む大きな災害が起きている．さらに2016年8月には，四つの台風が立て続けに東日本に上陸し，岩手県や北海道などで痛ましい災害を引き起こしている．気象庁は2013年8月から重大な災害の危険性が著しく高まっている場合に最大限の警戒を呼び掛ける特別警報の運用を開始している．

　リモートセンシング技術を用いた気象現象の観測や天気予報の技術は，近年めざましく進歩している．その一方で，災害に直結するような強い雨や竜巻などの顕著な現象がいつどこで起きるかを正確に予測するのは現在でも大変難しい．これらの現象は時間的・空間的スケールが小さく，監視と予測の両面において，従来とは異なる新しい技術を必要とする分野である．本書では，顕著現象の監視と予測について，レーダーを中心とする監視と短時間予測，および予測に用いるモデルの開発やメソ数値予報，のそれぞれに携わってきた2人の著者が，その原理や手法について解説し，現時点での到達点と最新の情報に基づく今後10年程度の間の技術革新への期待を表した．

　本書は3章構成となっており，第1章はメソスケール現象について，顕著現象を中心に述べる．災害につながるような激しい気象現象のほとんどに関係する積乱雲についてまず述べ，現象としての集中豪雨と局地的大雨，竜巻とダウンバーストについて述べる．

　第2章では，メソスケール現象の監視手段とそれらのデータを基にした短時間

予測についてまとめる．リモートセンシングを用いた強力な観測手段として，レーダーとライダー，ウインドプロファイラなどについて述べ，直接測定としてアメダスと地上気象観測について説明する．また気象庁における解析雨量・降水短時間予報，ナウキャストの現状について解説する．さらに著者の1人（鈴木）が気象研究所で開発に深く関わってきた竜巻の監視と予測について解説し，将来の観測システムについて言及する．

第3章では，数値モデルによる気象予測について，大気の基礎方程式系と物理過程の意味，数値予報で用いられるデータ同化，境界条件，天気予報と気候予測の違いなどについて述べる．この章の記述のいくつかは著者の1人（斉藤）が，気象大学校での予報業務研修を行ったときの講義が基になっており，気象庁での現業数値予報とメソアンサンブル予報，将来に向けた最先端の気象予測研究について，いくつかのトピックスをコラムにはさみながら紹介する．本文に入れると読みにくくなる数式などについては，興味ある読者の参考として付録に収録した．

本書の執筆と図やデータの利用に関して，大変多くの方々のご協力を頂いた．特に気象庁予報部数値予報課からは，数値解析予報システムやモデルに関して同課が発行している報告や研修資料から多くの情報を引用させて頂いている．永戸久喜数値予報班長をはじめとする数値予報課の方々からは原稿についての大変丁寧なコメントを頂いた．また，観測システムに関しては，気象庁観測部が発行している資料などから多くの引用をさせて頂いた．気象予測研究に関して紹介したもののいくつかは，気象研究所予報研究部が中心となって国立研究開発法人海洋研究開発機構や防災科学技術研究所などと連携して行ったものである．気象研究所予報研究部の瀬古弘，川畑拓矢，国井勝，横田祥の各位，気象研究所気象衛星観測システム研究部の小司禎教，永井智広，酒井哲，楠研一の各位，海洋研究開発機構の高橋桂子，大泉伝，Le Duc，黒田徹の各位からは研究成果の紹介と図の引用についてお世話になった．東京大学大学院理学系研究科の三浦裕亮准教授，理化学研究所の三好建正博士からも，図の引用に関してご好意を頂いた．また本書の編集に関して，監修の新田尚，中澤哲夫の両氏に大変お世話になった．朝倉書店編集部には原稿執筆の遅れに辛抱強く対応して頂くとともに原稿の細部に大変お世話になった．これらの方々をはじめとする関係者の皆様に深く感謝するものである．

2016年9月

著　者

目　　次

1. **メソスケール現象** ——————————————————————— 1
   - 1.1 　大気現象とスケール　1
   - 1.2 　メソスケール現象　2
   - 1.3 　積乱雲　2
   - 1.4 　集中豪雨と局地的大雨　5
     - 1.4.1 　集中豪雨　5
     - 1.4.2 　局地的大雨　8
   - 1.5 　竜巻とダウンバースト　12

2. **メソスケール現象の監視と短時間予測** ——————————— 15
   - 2.1 　レーダーやライダー　18
     - 2.1.1 　従来型レーダー　20
     - 2.1.2 　ドップラーレーダー　21
     - 2.1.3 　二重偏波レーダー　23
     - 2.1.4 　ウインドプロファイラ（ウインドプロファイリングレーダー）　24
     - 2.1.5 　ライダー（ドップラーライダー）　25
     - 2.1.6 　ソーダー（ドップラーソーダー）　26
   - 2.2 　アメダスと地上気象観測　28
   - 2.3 　解析雨量と降水短時間予報　31
   - 2.4 　三つのナウキャスト　32
     - 2.4.1 　降水ナウキャスト　33
     - 2.4.2 　雷ナウキャスト　33
   - 2.5 　竜巻の監視と予測　37
     - 2.5.1 　レーダーによるメソサイクロンの探知　37
     - 2.5.2 　竜巻注意情報　39

2.5.3　竜巻発生確度ナウキャスト　40
2.6　将来の観測システム　43

3. 数値モデルによる気象予測 ―― 47
3.1　大気の基礎方程式系と気象の予測　47
　3.1.1　大気の基礎方程式　47
　3.1.2　静力学モデルと非静力学モデル　53
3.2　物理過程　55
　3.2.1　雲物理過程　57
　3.2.2　積雲対流パラメタリゼーションと雲解像モデル　60
　3.2.3　乱流パラメタリゼーションとLESモデル　61
3.3　データ同化　62
　3.3.1　ベイズの定理と最尤推定　62
　3.3.2　変分法　63
3.4　境界条件　64
　3.4.1　数値モデルの境界条件　64
　3.4.2　再現実験と予報実験の違い　66
3.5　天気予報と気候予測　66
3.6　気象庁の現業数値予報　71
　3.6.1　メソモデル（MSM）　72
　3.6.2　MSMの予測精度と降水短時間予報の改善　79
　3.6.3　局地モデル（LFM）　80
　3.6.4　非静力学モデルasuca　83
3.7　アンサンブル予報　84
　3.7.1　アンサンブル予報の必要性　84
　3.7.2　アンサンブル予報のメリット　85
　3.7.3　アンサンブル予報の摂動手法　87
　3.7.4　アンサンブル予報の検証　90
　3.7.5　位置ずれの考慮について　93
3.8　メソスケール気象予測の最前線　95
　3.8.1　気象予測，できていることとできないこと，できていないこと　95
　3.8.2　メソスケール気象予測の難しさ　96

3.8.3　予測改善の方向性　96
　　3.8.4　観測データの高度利用　97
　　3.8.5　雲解像4次元データ同化　99
　　3.8.6　アンサンブルカルマンフィルタ　103
　3.9　スーパーコンピュータと極端気象　110
　　3.9.1　HPCI戦略プログラム　110
　　3.9.2　ポスト「京」重点課題　119

付録 ──────────────────────── 122
　A　大気の基礎方程式系　122
　B　気圧の計算式　125
　C　大気の安定度とブラント−バイサラの振動数　127
　D　大気中の波　128
　E　水物質の終末落下速度　131
　F　ベイズの定理と最尤推定　132
　G　変分法の評価関数　134
　H　等角図法　134
　I　アンサンブル平均の誤差　135

参 考 文 献 ────────────────────── 137
索　　　　引 ────────────────────── 145

◆ コラム ◆

1 ◆ エコーとエンジェル　27
2 ◆ 降水現象の大切さ　30
3 ◆ 高解像度降水ナウキャスト　34
4 ◆ 大気環境パラメータ　41
5 ◆ 世界気象機関（WMO）と世界天気研究計画（WWRP）　67
6 ◆ オリンピックとメソ気象の監視と予測のプロジェクト　69
7 ◆ 降水の検証　78
8 ◆ 東南アジア気象災害軽減国際共同研究と
　　サイクロン「ナルギス」の高潮実験　105
9 ◆ メソスケール気象予測と放射能拡散予測　108
10 ◆ 極端気象予測プロジェクト（TOMACS）　117

1

メソスケール現象

◇◇◆ **1.1 大気現象とスケール** ◆◇◇

大気中には地球規模の波動から竜巻やダウンバーストなどのように局地的なものまでさまざまな現象がある．図1.1は，横軸に現象の時間スケールを，縦軸に現象の空間スケールをとってさまざまな現象を並べたものである．長波・超長波などの地球規模の波動では，水平スケールが10000 kmを超えることが

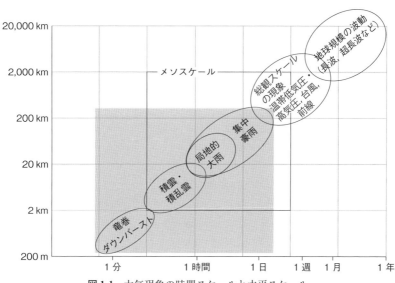

図1.1 大気現象の時間スケールと水平スケール
網かけの部分が本書で扱う現象．

ある．総観スケールの現象のうち中緯度の高低気圧の水平スケールはおおむね2000 km 以上であるが，台風や前線の水平スケールは高低気圧のそれよりも一般にはやや小さい．この図からは，水平スケールの大きな現象ほど時間スケールも大きいという特徴がわかる．地球規模の波動では数週間以上の時間スケールであるのに対し，台風や前線の時間スケールは数日，積乱雲では1時間程度，竜巻やダウンバーストなどの小スケールの現象は分のオーダーである．

◈◈◆ 1.2 メソスケール現象 ◆◈◈

Orlanski (1975) の分類によれば，水平 2～2000 km のスケールの大気現象はメソ（中間）スケール現象と呼ばれている．このうち，200～2000 km のものをメソ α スケール，20～200 km のものをメソ β スケール，2～20 km のものをメソ γ スケールと細分している．小倉 (1997) でも指摘されているように，この分類は機械的なもので，それぞれのスケール間にギャップがあるわけではない．本書ではメソスケール（またはメソ）現象という場合にメソ β スケールと γ スケールの現象を主な対象とし，竜巻などメソ γ スケールよりももう1桁空間スケールの小さい局地的な顕著現象までを扱う対象に含めている．集中豪雨や局地的大雨，積乱雲，竜巻やダウンバーストといった災害につながる激しい気象現象のほとんどはこれらのスケールに含まれている．

◈◈◆ 1.3 積 乱 雲 ◆◈◈

集中豪雨や局地的な大雨，竜巻，ダウンバーストなど激しい現象のほとんどは積乱雲の存在に関わっている．積乱雲は入道雲とも呼ばれ，肉眼でもそれとわかる発達をみせることも多い大気中の激しい対流現象である．積乱雲は，大気が鉛直的に不安定な場で発生する対流現象であること，寿命が約1時間程度と短いことなどから，その発生や消長，位置を正確に予測することは大変難しい．積乱雲を構成する個々のセル（直径数 km 程度の雲の塊で上昇流を伴う）はさらにスケールが小さく，寿命も 20 分程度といわれている．集中豪雨では積乱雲はメソ対流系と呼ばれる組織的な集団となって大雨をもたらす．

図1.2は積乱雲の一生を図示したもので，成長期には，なんらかの上昇流があって，凝結高度に達すると雲水ができ始める．凝結高度は下層の大気の湿り

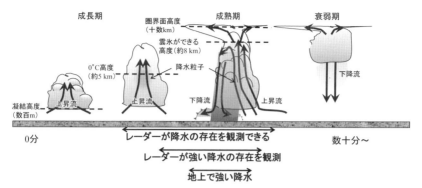

図 1.2 典型的な孤立積乱雲の一生の例

具合によって変わるが，通常接地境界層の上，数百 m 程度であることが多い．大気中の水蒸気が凝結することによって潜熱が放出されると，そこでは温度が周囲よりも高くなり，浮力による上向きの加速度が生じるため，上昇気流は時間とともに増大するようになる．凝結したばかりの雲粒の直径は数 μm で，大気に対する相対速度で毎秒数 cm でしか落下しないので，雲水は上昇気流とともに上に運ばれていく．この段階の雲は降水粒子がないため通常の気象レーダー（以下レーダー）では観測できないのが普通である．

　夏季日中の場合，気温が 0°C 以下になる高度はおおむね 5 km くらいで，これよりも雲頂高度が高くなると雲水の温度は 0°C 以下になるが，−15°C くらい（おおむね 8 km くらい）までは雲水は凍結核が少ない場合は容易には凍らないため，雲内では過冷却の状態で存在することが多い．水の状態の雲水は，未飽和域では容易に蒸発するので，雲のある部分と周囲の乾燥した空気の境目ははっきりしているのが普通である．雄大積雲の頂部がカリフラワーのように盛り上がって輝いている場合，雲頂付近の雲は過冷却の雲水でできている．雲内で凝結が進んで雲水量が多くなると（おおむね 1 g/kg 以上），雲水同士の併合衝突によって，大きな粒径の雲水が出てきて降水粒子（雨水）が生じ始める．雨水の落下速度は後述するように毎秒数 m に達するが，これは空気に対する相対速度なので，上昇気流が雨水の落下速度よりも大きい場合，雨水は実際には落下しない．この頃になるとレーダーで上空に浮かんでいる降水物質の存在が観測できるようになるが地表の降水はまだ始まっていない．0°C 高度よりも上では，降水物質は雪やあられ，ひょうとして存在する．後述するように氷に対す

る飽和水蒸気圧は水に対する飽和水蒸気圧よりも小さいため，いったん氷の降水粒子ができ始めると，周囲の水蒸気や過冷却の雲水を取り込んで降水粒子は急速に成長するようになる．

　雲頂高度がさらに高くなって$-15°C$よりも雲内の温度が下がると，過冷却水滴は凍って雲氷になる．氷は未飽和の空気中でも瞬時には蒸発せず，ある程度時間をかけて昇華蒸発するため，雲と周囲の境目ははっきりしなくなって，毛羽立って見えるようになる．また圏界面高度に近づくと，大気の安定度が大きくなり雲内よりも周囲の気温のほうが高くなるため浮力が負となり上昇気流は弱まって雲は横に広がって，かなとこ雲が生じる．雲内の降水粒子が十分な量に達すると，落下が始まる．このステージでは雲内にはまだ上昇気流が生じているが，降水粒子は上昇気流とは別のところに運ばれてそこで落下する．降水粒子は落下する際に周囲の空気から抵抗を受けるがその反作用として降水粒子の重さに応じた下向きの力を周囲の空気に与えるため，下降気流を作る．下降に際して降水粒子が蒸発すると気化熱を奪うため，空気の温度が周囲よりも冷たくなる場合は下降気流をさらに加速するように働く．下降気流は地上に到達すると，四方に広がる．地上に作られる周囲よりも冷たい空気をコールドプール，四方に広がる発散性の風を冷気外出流と呼ぶ．下降気流が非常に強い場合，ダウンバースト（下降噴流）あるいはマイクロバーストなどと呼ばれることがある．

　新たな暖湿気の供給がなく積乱雲が大気の不安定を解消してしまうと雲内の上昇流は消滅する．大きな降水粒子が落下してしまうと，比較的小さな降水粒子がゆっくり落下するのみとなり，雲は上層に残骸が残るだけとなる．

　成長期から衰弱期までの時間は，孤立した積乱雲では1時間足らずである．ただし上昇流と下降流の位置の住み分けが起きて新たな暖湿気の供給がある場合，より長寿命の積乱雲であるスーパーセルが生じることがある．またスコールラインと呼ばれる線状に並んだ積乱雲が前面で不安定な大気を取り込みながら雨を降らせ一般風よりも速い速度で移動するタイプのものもある．日本付近の集中豪雨では，風上側に新たな積乱雲セルが次々に発生するバックビルディング形成と呼ばれる機構によってメソ対流系になっている場合も多い．

◆◇◆ 1.4 集中豪雨と局地的大雨 ◆◇◆

1.4.1 集中豪雨

集中豪雨は，暖かく湿った空気が大気下層に流入し，積乱雲群が次々に発生・発達して大雨を降らせるメソスケール現象で，最も代表的な気象災害といえる．梅雨末期など日本付近に前線が停滞しているときや台風接近に伴って起こることが多い．図 1.3 左に模式図で示すのは，台風接近時の大雨についてで，台風の風が山の斜面を滑昇することにより水蒸気が凝結し，大雨となる．このような地形強制上昇は，水平風速に地形の斜度を掛ければ上昇流の大きさが求められ，凝結高度の飽和水蒸気から山で気塊が持ち上げられる高さの飽和水蒸気圧の差でどれだけの降水が生じうるかを見積もることができる．数値予報モデルが現実的な地形を表現していれば予測・再現できる雨で，台風の予測が合っていれば，気象庁 MSM のような現在のメソモデル（3.6 節参照）では良く予測されるようになってきている．このため台風本体による大雨については発生前に警報を発表することが技術的に可能となっている．ただし，現在の台風予報では，平均的にみて予報 1 日につき 100 km 弱程度の位置の誤差があり[1]，くわえて強度予報はまだ十分ではないため，予測雨量にはまだかなりの誤差があることも多い．また後述するように台風本体から離れた場所に豪雨が起きることがしばしばあり，そのような雨の予測は一般には簡単ではない．

集中豪雨のもう一つのタイプが前線に伴う雨（図 1.3 右）で，日本では梅雨

図 1.3 集中豪雨

(左) 台風接近時の地形性の大雨．(右) 梅雨末期などの前線性の大雨．気象研究所川畑拓矢博士の好意による．

末期には毎年のように集中豪雨が発生している．総観規模の前線は千 km，数日程度の空間的・時間的スケールをもっているため，現在の数値予報で十分に表現可能であるが，前線に沿って発生する集中豪雨は前線本体よりもスケールが1桁小さく（百 km 程度，数時間〜半日程度），どこでどれだけ降るかを正確に予測するのはまだ難しい．近年予測精度は向上しつつあり，後述するように現業数値予報で良く予測された例も出てきている．

上述した集中豪雨の例を示す．図1.4 は，2013年9月16日に愛知県に上陸した台風第18号が接近したときの大雨の例で，滋賀県，京都府および福井県に対し，運用開始後初めて大雨特別警報を発表したケースである．図の右の9月16日3〜6時の解析雨量（31 ページ参照）では，静岡県や愛知県の山岳斜面では台風周辺の強い南東の風が非常に強い雨を降らせている一方，台風西側では北寄りの風が山岳地形の北側で大雨を降らせている．

図1.5 は，前線に伴う集中豪雨の例として，平成23年7月新潟・福島豪雨について示す．新潟県と福島県会津などで600 mmを超える記録的な大雨となり，信濃川水系の河川の堤防が決壊し，三条市など，広範囲で浸水被害が発生するなど大きな洪水被害をもたらした．図1.5左の地上天気図にみられるように，明瞭な総観規模の停滞前線がある．図1.5右は7月29日12〜15時の解析雨量で，降水は停滞前線に沿った比較的狭い範囲に集中している．

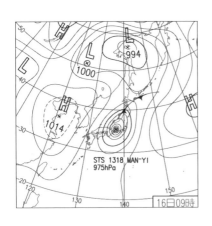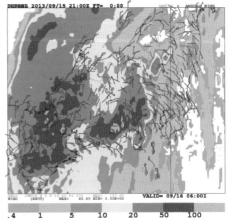

図1.4 集中豪雨，台風接近時の大雨の例（2013年台風第18号）
（左）2013年9月16日9時の地上天気図．（右）9月16日3〜6時の解析雨量．

1.4 集中豪雨と局地的大雨

　総観規模の前線とはやや離れた場所に豪雨が発生する場合があり，そのほとんどのケースでは，豪雨は前線の南側の暖域内に生じる．図1.6は平成24年7月九州北部豪雨についてで，図1.6左の地上気象天気図での前線は日本海から対馬付近を通って黄海に延びているが，実際には東西に延びる降水域が西日本にかかり，熊本県阿蘇などで一時間雨量で90mm前後の猛烈な雨が観測され，

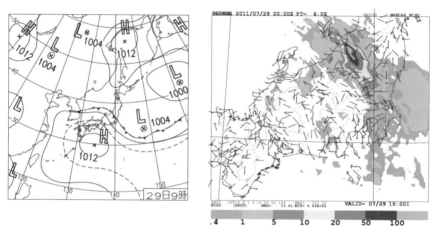

図 1.5 集中豪雨，前線に伴う大雨の例（平成23年7月新潟・福島豪雨）
（左）2011年7月29日9時の地上天気図．（右）2011年7月29日12～15時の解析雨量．

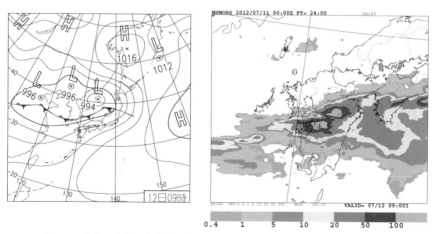

図 1.6 前線の南側で発生する集中豪雨の例（平成24年7月九州北部豪雨）
（左）2012年7月12日9時の地上天気図．（右）7月12日6～9時の解析雨量．

8　　1. メソスケール現象

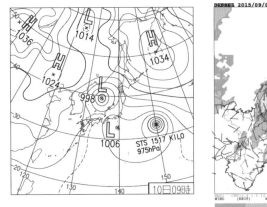
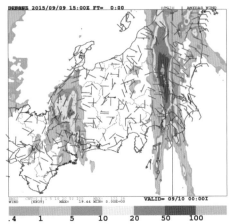

図 1.7　平成 27 年 9 月関東・東北豪雨
(左) 2015 年 9 月 10 日 9 時の地上天気図, (右) 9 月 9 日 21〜24 時の解析雨量.

大きな被害が出た．前線の南側への不安定な暖湿気の供給による雨で，総観規模の収束がはっきりしないため，予報が大変難しいケースが多い．

　平成 27 年 9 月関東・東北豪雨は，鬼怒川の堤防を決壊させるなど茨城県・栃木県・宮城県などで大きな被害を出し，記憶に新しい．この豪雨は，図 1.7 左のように，日本海に台風第 18 号から変わった低気圧が，日本のはるか東海上に台風第 17 号がある状況で発生した．日本海の低気圧に向けて南から流れ込む風と，台風第 17 号からの東寄りの風がある下層の場に上層の気圧の谷が接近するという特殊な事情が重なって生じたまれなケースで，南北に延びる多数の線状降水帯が関東から東北にかけて長時間持続した（図 1.7 右）．

1.4.2　局地的大雨

　豪雨のなかでも，それほど組織化しない少数の積乱雲で引き起こされるものは，さらに空間的・時間的スケールが小さく（数十 km，数時間以下），気象庁では「局地的大雨」と呼んで上述の集中豪雨と区別している．継続時間が短いため総雨量は一般に集中豪雨より少ないが，1 時間あたりの雨の強度は劣らない．地形や総観規模の強制力が小さい場で大気が不安定な場合に生じる現象で，わずかな条件の違いで結果が大きく変わるため，予測が大変難しい．局地的大雨は「ゲリラ豪雨」などと呼ばれることもあるが，気象庁では正式な用語とし

1.4 集中豪雨と局地的大雨

ては用いていない．局地的大雨の予測は，通常の数値予報では大変難しいため，気象レーダーなどによる実況監視とその補外など運動学的な手法が予測の中心手段となるが，予測技術の進歩に伴って最近は条件がそろえば高分解能の数値モデルで予測・再現できる場合も出てきている．

2008 年の夏季は，日本付近の大気の状態が不安定な日が多く，各地で集中豪雨や局地的大雨が頻発した．局地的大雨の例として悪名高いものとしては，2008 年 7 月に神戸市都賀川親水公園で急な増水を引き起こした雨や，2008 年 8 月に豊島区雑司ヶ谷で下水道工事中の作業員が亡くなる事故を起こした雨がある．

図 1.8 は，2008 年 8 月 5 日，不安定な大気の状態に伴って関東各地で局地的な大雨が発生した例である．図 1.8 左上の地上天気図では，停滞前線が東北南部に解析されているが，関東には明瞭な擾乱はみられない．図 1.8 下に示すよ

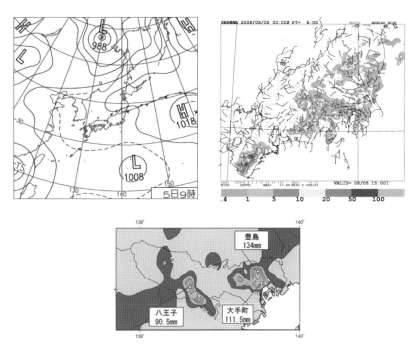

図 1.8 局地的大雨の例（2008 年 8 月 5 日の雨）
（左上）2008 年 8 月 5 日 9 時の地上天気図．（右上）8 月 5 日 12～15 時の解析雨量．（下）8 月 5 日の東京の日降水量，東京管区気象台気象速報より．

うに，東京では豊島で134 mm に達する日雨量が観測されているが，その範囲はごく狭い領域に留まっている．図1.8右上は，8月5日12～15時の解析雨量で，関東南部，東海，紀伊半島内陸にかけての範囲で，50 mm を超えるもしくはそれに近い雨が散在して観測されている．これらは，組織化しない積乱雲によってもたらされており，石原（2012）はこの日のレーダー観測から，関東南部だけでも9時から18時の間に179個の対流セル状のエコーが出現したことを報告している．

　2011年8月26日夕方，関東地方南部や東海地方では雷を伴った猛烈な雨が降り，東京都や神奈川県で床上・床下浸水の被害が多数発生したほか，道路冠水による交通障害，交通機関にも影響が出た．図1.9左上に当日朝9時の地上天気図を示す．2008年8月5日のケースと同様に日本付近に顕著な擾乱はみられないが，北海道の東海上の低気圧から前線が福島県から北陸地方を経て山陰沖に延びている．右上図に気象庁降水ナウキャストによる8月26日16時30分の降水強度を示す．東京都と神奈川県の県境付近に沿って非常に強い降水がみられ，練馬のアメダスでは16時に89.5 mm の時間雨量を記録している．

　図の中段は11時から13時の1時間おきの静止衛星可視画像を示す．鹿島灘付近からの海風が内陸に侵入し，11時には茨城県西部に，12時には茨城県と千葉県の県境付近に達し，その前面には明瞭な雲列が生じている．次に述べるように東京湾からの海風はそれほど内陸には広がらないが，12時には前面に下層雲列が生じている．また房総半島の北部には別の海風前線によると思われる南北に走向をもつ雲列がみられる．13時には鹿島灘からの海風前面の雲列が千葉県まで侵入し，東京湾からの雲列と重なり合い，雲が厚くなっている．この海風前線の雲列のマージは東京に強雨をもたらした深い対流のトリガーとなって14時から15時にかけて東京都区部に積乱雲を発生させている．

　2014年の夏季も各地で豪雨が頻発し，平成26年8月豪雨と呼ばれる大雨が北陸，東海，近畿，中国，四国などで発生した．京都府福知山市では大規模な洪水被害が，広島県広島市では大規模な土石流災害が発生した．これらの豪雨は狭い範囲に雨が集中したことが特徴である．図1.10左に，2014年8月20日の地上天気図を示す．日本海から対馬海峡へ延びる前線があるが西日本には明瞭な擾乱はなにもみられない．バックビルディング形成による線状降水帯が広島市など狭い範囲に降水をもたらしたケースで，これに関する数値予報や最新の研究について第3章で述べる．

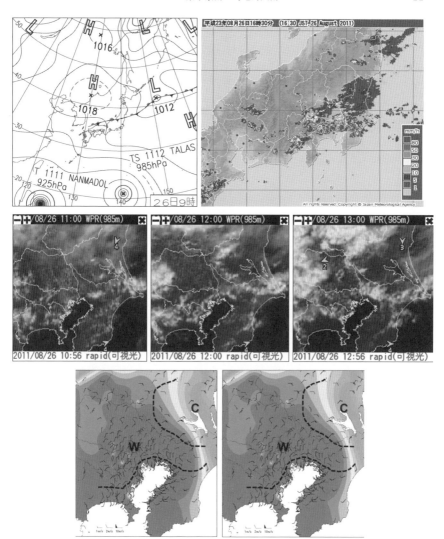

図 1.9 局地的大雨の例（2011 年 8 月 26 日の雨）

(左上) 2011 年 8 月 26 日 9 時の地上天気図．(右上) 8 月 26 日 16 時 30 分の降水強度，気象庁降水ナウキャストより．(中段) 8 月 26 日 11 時から 13 時までの 1 時間おきの静止衛星可視画像．(下段) 8 月 26 日 12 時と 14 時の地表風と気温，気象庁アメダスと環境省大気汚染物質広域監視システムによる．破線は下層風から推定した収束線もしくはシアーライン（風の不連続線）．C と W は，それぞれ気温の低い領域と高い領域を示す．斉藤ほか (2016) より．[口絵 1 参照]

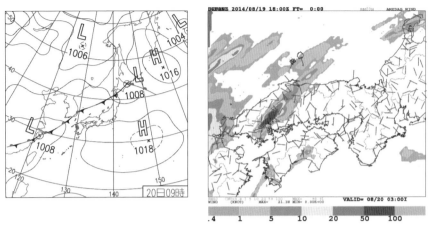

図 1.10 局地的大雨の例（2014 年 8 月広島での雨）
（左）8 月 20 日 9 時の地上天気図，（右）8 月 20 日 0〜3 時の解析雨量．

◆◇◆ 1.5 竜巻とダウンバースト ◆◇◆

　竜巻は大気中のほぼ鉛直に延びる渦である（図 1.11）．積雲や積乱雲中の上昇流によって，地上付近の渦が引き延ばされて強化されて竜巻が発生する．竜巻というと年間 1000 以上発生し，毎年大きな被害のある米国が話題となることが多いが，わが国でも年間 13〜20 程度発生しており，大きな被害をもたらすことがある．たとえば，2006 年に相次いで発生した宮崎県延岡市（9 月 17 日，F2），北海道佐呂間町（11 月 9 日，F3）の竜巻や 2012 年に常総市やつくば市で発生した竜巻（5 月 6 日，F3）は，死傷者や建物等への被害をもたらした．

　竜巻の直径はおおむね 10〜1000 m 程度で，数百 m〜数十 km 程度の距離を移動する．その強さは風速を基に F0〜F5 の藤田スケール（Fujita, 1971）で表現される．藤田スケールはシカゴ大学の故藤田教授の提案したスケールであり，通常は建物や乗物，樹木などの被害状況から推定され，国際的にも広く使われている．しかし，被害の指標とする対象が比較的少ないこと，建物などの国ごと・時代ごとの違いがあることなどから，米国等では指標の数を増やし，より精度良く風速の推定ができるように改良した改良藤田スケール（Enhanced Fujita Scale；EF）が提案され（McDonald and Mehta, 2006），利用さ

1.5 竜巻とダウンバースト

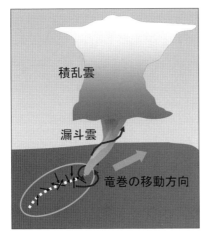

図 1.11　竜巻の概念図

表 1.1　日本版改良藤田スケールの階級と風速との対応（気象庁，2015 から再作成）

階級	風速の範囲 （3秒平均, m/s）
JEF0	25〜38
JEF1	39〜52
JEF2	53〜66
JEF3	67〜80
JEF4	81〜94
JEF5	95〜

れるようになってきた．日本でも，最新の風工学の知見を取り入れた日本版改良藤田スケール（JEF）が策定され（気象庁，2015），2016年4月から利用されている（表 1.1）．EF や JEF は，統計の継続性を考慮し，被害の程度が同じなら，対応する階級も同程度となるように作られている．

竜巻は積乱雲等の下に漏斗雲を伴うことがあり，移動に伴い帯状の被害をもたらすことが多い．地上付近の風は，収束性，回転性を示す．

ダウンバーストも，竜巻と同様に積雲や積乱雲の下で発生する現象で，積雲・積乱雲から吹き下ろす下降気流およびそれが地上付近で発散して被害をもたらすものとして定義される（図 1.12）．水平スケールは，たかだか 10 km 程度以下のメソ β〜γ スケールの現象である．降水粒子の発生は，降水粒子が落下す

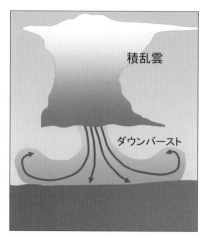

図 1.12 ダウンバーストの概念図
ダウンバーストは積乱雲等に伴う局所的な下降気流．地上付近で発散的に広がる風が被害をもたらすことがある．

るときに周囲の空気を引きずり下ろす効果と，降水粒子が蒸発することで気化熱によって周囲の気温が下がり，空気の密度を大きくする（つまり重くする）効果に起因する．直径 4 km より大きいものをマクロバースト，小さいものをマイクロバーストと分類することもある．

ダウンバーストは米国の 1970 年代に発生した航空機事故の解析から藤田教授により発見された現象である．ダウンバーストも，竜巻同様に地上に被害をもたらしうる突風を発生することがあるが，竜巻と異なり目に見える特徴がほとんどないことが，その発見を 20 世紀まで遅らせることとなった．米国で 1970～80 年代に相次いで行われたプロジェクトからは，まれな現象ではなかったことがわかっている．その後，航空機事故をもたらしうる危険な現象であることから，米国や日本では風の情報を観測できるドップラーレーダーが主要な空港に導入され，自動的に通報するシステムが導入されている．

◆◆ 注 ◆◆

1) 次第に改善しており，2015 年の統計（速報値）では，平均予報誤差は 1 日先が 72 km，2 日先が 119 km．

2

メソスケール現象の監視と短時間予測

　本書が対象としているメソスケール現象は，Orlanski (1975) の分類でメソ β スケールからメソ γ スケールの範囲であり，水平スケールでは数百 m から 200 km 程度である．地上からたかだか 20 km 程度の対流圏内で発生，発達，消滅する．時間スケールは，短いものは竜巻の数分から，長いものは数日間続き，降水を伴う場合もあれば，伴わない場合もある．

　メソスケール現象のなかで，降水を伴う現象は人間にとっても大きな影響があるという意味で重要であると同時に，降水現象のメカニズムや構造に与える影響の点でも重要である．気象レーダーは，この降水の観測に対してきわめて有効なツールである．この章では，まず，気象レーダーについて紹介し，続い

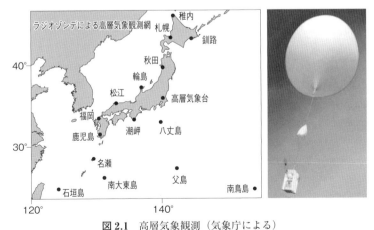

図 2.1　高層気象観測（気象庁による）
（左）気象庁のラジオゾンデによる高層気象観測網，（右）上昇中のラジオゾンデ．

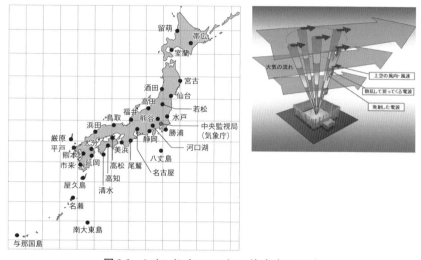

図 2.2 ウインドプロファイラ（気象庁による）
（左）気象庁によるウインドプロファイラ網，（右）ウインドプロファイラ観測の模式図．

図 2.3 地上気象観測（気象庁による）

てレーダーを活用した局地的大雨の監視のためのプロダクト，降水短時間予報とナウキャスト，および，近年わが国でも注目されている竜巻等突風についての監視と予測について述べる．また，コラムとして，高解像度降水ナウキャス

2. メソスケール現象の監視と短時間予測　　17

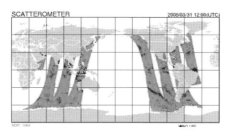

図 2.4　衛星観測の例
衛星データは全球数値予報では重要な観測手段. 局地豪雨スケールでは解像度が重要で, 別の技術が必要.

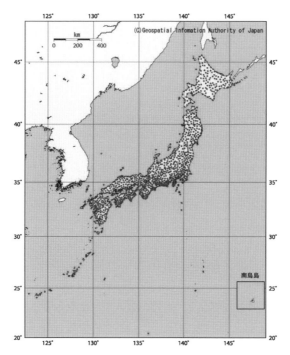

図 2.5　国土地理院の地上 GNSS 観測ネットワーク（GEONET）[1]

ト, 大気環境を表現する大気環境パラメータ等について触れる.

図 2.1〜2.5 に気象庁で用いられているさまざまな観測システムについて代表的なものを示す. 大気の状態を直接測定する高層気象観測（図 2.1）はおよそ 300 km おき, 上空の風を電波で観測するウインドプロファイラ（図 2.2）はお

よそ200kmおきである．これらのデータは，メソαスケール以上の大気の状態を把握するには貴重なデータで，数値予報のためにも欠かせない基礎データだが，メソβスケール以下の現象を捉えるには解像度が十分とはいえない．地上気象観測（図2.3）はおよそ15～20kmおき程度であるが，データは地表付近に限られており，観測点周囲など局地的な観測環境の影響を受けている場合が多い．衛星データはさまざまな種類のものがあり，現在の数値予報では重要な観測手段となっている．図2.4には，その例として散乱計による海上風を示す．衛星データは直接観測ではないため，局地豪雨の監視と予測に対して有効利用するためには，個々の衛星データの特性に応じた技術が必要なことが多い．また，図2.5は国土地理院による地上GNSS観測ネットワーク（GEONET）の分布である．全球測位衛星システムGNSSからの電波が大気により遅延することを利用し，各観測点においてGNSS衛星との視線方向の水蒸気の積算量の情報を得ることができる．

2.1 レーダーやライダー

　気象レーダーは，電波をアンテナから発射し，物体に当たって返ってきた反射波（エコーと呼ばれる）の強さや周波数の違いから，雨の分布や大気中の風の情報を観測する．レーダー(radar)はradio detecting and rangingの略で，電波を用いて監視と位置測定を行うものという意味からきている．反射波がエコーと呼ばれるのは，レーダーの原理が，音における木霊と同じであることによる．電波の代わりに光を用いた場合は，ライダー(lidar；light detection and ranging)と呼ばれる．

　レーダーはその発明当時から，遠方にある航空機や船の位置，動きなどをリアルタイムに，正確に監視できるものとして有用であった．そのレーダーが降水の監視にも使えることがわかったのは，第二次大戦中の英国であった．発見当時はノイズ扱いされた降水からの反射波は，大気中の3次元的な降水分布をリアルタイムに監視できることから，研究はもとより日々の天気予報にも広く利用されている．

　図2.6にレーダーの原理の例を示す．パラボラアンテナから，細く絞ったビーム（ペンシルビームとも呼ぶ）状にパルス電波を放射する．放射された電波は，降水粒子などのターゲット（目標物）に当たって散乱され，その散乱波を

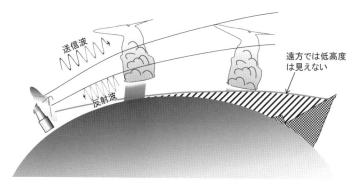

図 2.6 気象レーダー観測における電波の経路
気象レーダーの多くはパラボラアンテナから，ビーム状に電波を発射し，反射波の信号から降水の情報を得る．電波はほぼ直進するため，山岳の後ろ，遠方の低高度の領域の観測ができないことがある．

同じアンテナで受信することで，降水の分布やその強度，ドップラー速度などの情報を取り出す．たとえば，降水粒子までの距離は，発射した電波の往復に要する時間に，電波の速さを乗じて2で割ることで求められる．アンテナを水平に360°回転し，仰角を変えながら観測することで，3次元的な観測を行う．

レーダーには大別して，従来型レーダー (conventional radar)，ドップラーレーダー (Doppler radar)，偏波レーダー (polarimetric radar) などがある．このうち，近年増えてきた偏波レーダーでは，ドップラーレーダーの機能を併せ持つことも多いため，マルチパラメータレーダー (multi-parameter radar) とも呼ばれることがある．

使用する電波の周波数帯はいろいろあり，それぞれ得失がある．一般的には，周波数が高い（波長が短い）ほうが，降水粒子に対する感度は高いが，途中の降水などによる減衰が大きいため遠距離の観測には向かない．また，アンテナなどの装置のように，波長に依存する機器があるため，長い波長ではシステムが大きくなる．気象レーダーでは，周波数帯として，Sバンド（周波数が3GHz程度），Cバンド（周波数が5GHz程度），Xバンド（周波数が9GHz程度）が一般に使われる．日本では，CバンドやXバンドのレーダーが多く使われるが，米国ではSバンドが中心である．

電波は非常に遠方まで届くが，主に次の理由で実用的な観測範囲は限られる．

- 雨粒などから反射して戻ってくる電波の強さは，距離の2乗に反比例して弱くなるほか，途中の降水などにより減衰を受ける

- 大気中の雨粒が存在する高度範囲が限定されていることから，遠方になるほど広がるレーダービームのなかで占める体積が小さくなる
- 電波はやや曲がるものの，空間をほぼ直進するため，山岳の後ろ側や，遠方では丸い地球の表面に近いところに届かない

以下，気象の分野の観測で使われることの多いレーダーについて紹介する．なおこれら以外にも，フェーズドアレイレーダー（phased array radar）やブロードバンドレーダー（broadband radar）など，最新の技術を導入したレーダーも研究では利用されている．

2.1.1 従来型レーダー

従来型レーダーは，発射されたパルス波が降水粒子で後方散乱される際の反射強度（レーダー反射強度）のみを測定し，降水粒子の分布などを観測する（図 2.7）．強度データを基に得られる，最大反射強度，エコー頂高度，レーダーエコー面積，鉛直積算強度などの時間変化からは積乱雲の発達の過程の情報が得られる．

図 2.7 レーダー反射強度の PPI（plan position indicator）画像
2015 年 7 月 23 日 21 時 10 分石垣島レーダー，気象庁による．アンテナの仰角を一定にして観測したレーダー反射強度の分布．台風第 15 号の目が明瞭に見える．［口絵 2 参照］

降水強度とレーダー反射強度とは，半統計的な数式で関係づけられて利用されてきた．降水の1粒によるレーダー反射強度は，直径の6乗に比例し，降水からのレーダー反射波は単位体積あたりに含まれる全降水粒子の反射強度の和である．レーダー反射強度から降水強度を推定する式では，実際の降水量の50～200%程度の推定値が得られる．レーダーのみによる推定値の精度は十分とはいえないことから，後述のように，アメダスなどで観測した地上での降水量を使って補正した解析雨量（気象庁の場合）のかたちで利用されることも多い．

日本では，大雨による被害が多いため，降水強度や降水量の観測を目的とした気象レーダーとして，従来型レーダーが長く利用されてきた．

2.1.2　ドップラーレーダー

反射波の周波数がドップラー効果により，発射波と異なることを利用して，風の情報を得ることができるものをドップラーレーダーと呼ぶ（図2.8）．通常

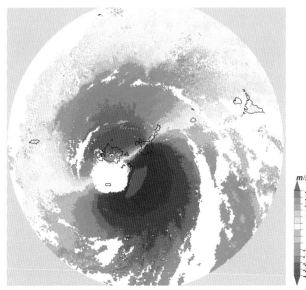

図 2.8　レーダーのドップラー速度の仰角 1.1° の PPI 画像
アンテナの仰角を一定にして観測したドップラー速度の分布．レーダーに対して近づく風の領域を負の値，遠ざかる風の領域を正の値で示した．島の南西の空白域は台風第15号の目．南側の黒の中の灰色の領域は，折り返し現象で実際には近づく風速が最も大きい領域．2015年7月23日21時10分石垣島レーダー．［口絵3参照］

図 2.9　ドップラー速度の説明

は，マイクロ波を用いて降水粒子を反射体として観測し，降水強度の推定や降水粒子の視線方向速度（これをドップラー速度という）の測定を行う．

　ドップラーレーダーは反射強度の測定にくわえて，発射されたパルス波が降水粒子で後方散乱される際のドップラーシフトを測定し，降水粒子の移動速度を観測する．レーダーに対して，近づく／遠ざかる降水粒子からの反射波の周波数は高く／低くなる．この周波数の違い（ドップラーシフト）から，レーダービームに沿った速度成分（ドップラー速度）を測ることができる（図2.9）．

　ドップラー速度は，風速そのものではなく，降水粒子などの動きのレーダービームに沿った成分である．たとえば，動きがレーダービームと直交すると0m/sとなる．1台のドップラーレーダーでは，ビームに直交する速度成分はわからない．もし2台以上の同時観測ができれば，降水雲内の2次元的，3次元的な風の場を求めることができる．そのため，研究用には比較的早くから利用されてきた．一方，米国における研究で，1台のレーダーでも，強い竜巻の親雲中にある渦（メソサイクロン），あるいは航空機事故をもたらしうるダウンバーストなどが検出できるという知見が得られたことから，現業での利用が進むこととなった．

　米国では1990年代に導入された約160台の気象用のドップラーレーダー（Sバンド）がほぼ全土をカバーしている．日本でも1995年からは空港においてマイクロバーストなどのウインドシアー検出が可能な空港気象ドップラーレーダーが導入され，2006年から気象庁では一般レーダーのドップラー化を進め，2013年3月には全国20か所がドップラー化された（図2.10）．

　最近では，発展がめざましい数値予報におけるデータ同化技術を利用して，レーダーの反射強度やドップラー速度データが，初期値作成に利用されている．

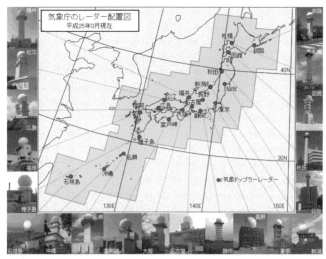

図 2.10 気象庁レーダーの全国配置図(気象庁による)
全国を 20 の気象レーダーでカバーする.多くは見通しの良い山頂やビル,鉄塔の上に設置されている.

2.1.3 二重偏波レーダー

電波や光は電磁波とも呼ばれ,空間中を進行方向に直角に振動しながら伝わる波である.電界の振動する方向が水平のものを水平偏波,垂直のものを鉛直または垂直偏波と呼ぶ.二重偏波レーダーは水平偏波と垂直偏波を発射して,物体から散乱された反射波の水平偏波,垂直偏波の信号を別々に測定する.2つの偏波を用いると,降水粒子の形状に関する情報を得ることができる.2つの偏波は,パルスごとに切り換えて発射する場合もあるが,最近では,同時に発射する方式が多い.

得られる主なデータとして,レーダー反射強度の比 Z_{dr}(differential reflectivity)や両偏波の位相差 Φ_{dp}(differential phase),その微分値である K_{dp}(specific differential phase),両偏波間の相関係数である ρ_{HV} があり,レーダー反射強度の値と組み合わせることで,降水粒子の形状の推定や,降水強度の精度の高い測定が可能となるとされる(図 2.11).たとえば,降水粒子は小さいと球であり,その場合は,Z_{dr} や Φ_{dp} は 0 となるが,大きくなると扁平になり Z_{dr} や Φ_{dp} が大きくなり,粒子形状がわかる.雪片やあられ,ひょうなどの氷粒子についても,水粒子と違った特徴がみられる.また,雨粒の直径の 6 乗に比例す

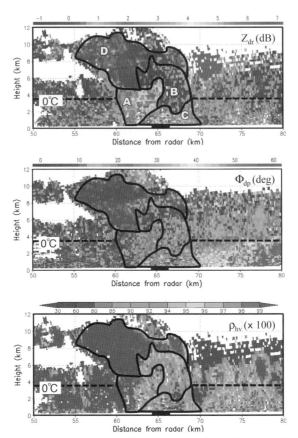

図 2.11　偏波情報（2014年6月24日14時37分気象研究所）
降水域の Z_{dr}, Φ_{dp}, ρ_{HV} の PPI 画像. 東京に激しいひょうをもたらした積乱雲の鉛直断面. 点線は0℃高度. 実線は推定された降水粒子の種別の境界. Aは大粒の雨, Bはひょう, Cは溶けているひょう, Dは氷晶またはあられ. ［口絵4参照］

る反射強度は，降水強度（近似的には，雨粒直径の3.7乗（体積×落下速度）に比例）を推定するにあたり，雨粒の大きさの影響を受けやすいが，K_{dp} では降水強度との間により近い比例関係があることと，K_{dp} はレーダー反射強度ほどひょうの影響を受けないことにより，従来型レーダーに比べ，降水強度の推定精度が向上する．

2.1.4　ウインドプロファイラ（ウインドプロファイリングレーダー）

先に述べた気象レーダーは，降水粒子をターゲットとして，降水や風に関す

る情報を得る．一方，晴雨に関わらず，連続的に上空の風が測定できる装置がウインドプロファイラである．降水粒子がなくても，乱流に起因する大気屈折率の乱れによるブラッグ散乱と呼ばれる反射を利用して観測が行える．もちろん，降水がある場合にも降水粒子からの反射波を使った観測もできる．

風の推定では，上空の3～5方向に電波を発射し，反射体である降水粒子や大気の屈折率の乱れが水平方向には風に流されていると仮定し，上空の風が短時間にはほぼ一様であることを利用して求めている．日本では気象庁が2000年4月から，WINDAS (Wind Profiler Network and Data Acquisition System, 局地的気象監視システム：図 2.12, 2.13) と呼ばれる，周波数1.3 GHz帯のウインドプロファイラ網を運用しており，2016年4月現在，全国33か所で連続観測が行われている．周波数が1.3 GHzと他の気象レーダーより低いのは，反射体として乱流による乱れを利用するためである．より低い周波数を使い，同様な原理で上空の風の観測ができる大型の装置，たとえば，京都大学のMUレーダー（宇治市）などもある．

2.1.5 ライダー（ドップラーライダー）

レーダーにおける電波の代わりに，レーザー光を利用したものはライダーと呼ばれる．光も電磁波の一種であり，その波長は電波に比べると小さいことから，ライダーは大気中の降水粒子にくわえて，雲粒やエアロゾルと呼ばれるより小さな塵からの反射を観測できるため，晴天時でも観測が可能である．ただ

図 2.12　WINDAS 外観
アレイアンテナを採用しており，卵型に見えるひとつひとつの中に小さなアンテナがある．電波の方向は電子的に制御される．

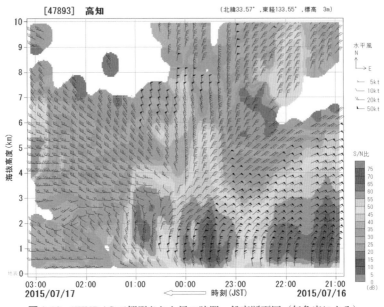

図 2.13 WINDAS で観測された風の時間・鉛直断面図（気象庁による）
S/N 比とはノイズを基準とした信号の強度の比.

し，光は減衰が大きいため，半径数十 km が通常の観測範囲である．波長の短さを反映して，空間的なビームの幅も，レーダーの約 1°に対して，約 1000 分の 1°程度と狭く，距離方向の分解能も 10 m 程度まで可能である．ただし，降水や雲・霧などが存在すると，光は急激に減衰し，後方の観測は困難である．レーザー光のドップラーシフトを測定できるドップラーライダーを用いることで，風の情報も得られる．晴天時の下層大気の気流構造（海陸風前線，つむじ風，建築物などの後流，網目状構造やストリーク構造など）が観測される．また，積乱雲などの内部の観測はレーダーで，発生前や外部の観測をライダーで行うことで，対流雲の発生前からの観測データが得られることから，数値予報モデルにおける利用も期待されている．

2.1.6 ソーダー（ドップラーソーダー）

ドップラーソーダー（Doppler sodar）は音波を用いた測風機器である．基本的な原理は，レーダーやライダーと変わらない．散乱は，大気乱流によるもので，条件や音量にもよるが，大気下層（数百 m～1 km 程度）の乱れの程度を表

す係数と風（ドップラー速度から）を測ることができる．

コラム 1 ◆ エコーとエンジェル

　気象レーダーにおける用語には，いくつかファンタスティックなものがある．

　まず，エコーは，山彦，木霊の意味であるが，ギリシャ・ローマ神話に登場するエコーというニンフ（妖精）に由来する．

　また，降水がないとき，つまり，晴天の大気から，電波が返ってくることがあり，そのエコーはエンジェルエコーと呼ばれている．多くの場合，目視ではなにもないはずの空間からの反射波であり，その後の研究では，もちろん，本物の天使は見つからず，

- 昆虫や鳥などからの反射波（生物起源：図 2.14）
- 電波の屈折率のゆらぎによる反射波（ブラッグ散乱）
- はるか遠方の海面上の波浪や地面からの異常伝播時の反射波

などが主な起源であることがわかっている．

　エンジェルは見つからなかったが，エンジェルエコーに関する研究か

 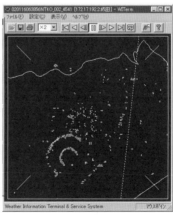

図 2.14 成田空港の空港気象ドップラーレーダーが捉えた鳥による夜明け頃のドーナツ状エコー（気象庁による）
(左) ドップラー速度，(右) レーダー反射強度．

ら，ウインドプロファイラのように，常時，風を測る装置が生まれ，降水が始まる前の下層大気の風の情報を知るために使われている．

◆◇◆ 2.2 アメダスと地上気象観測 ◆◇◆

　地上における気象要素について，気象官署等において，気圧，気温，湿度，降水，風，日照・日射などが観測されている（図 2.15）．また，アメダスとして知られる Automated Meteorological Data Acquisition System（AMeDAS）は，1974 年から気象庁が展開し，地点により異なるが，気温，降水，風，日照，積雪についての観測を行っている（図 2.16）．観測データは，東京にあるセンターシステムにデジタル値としてほぼリアルタイムで集信され，データベース化，品質管理などが行われ，2015 年 4 月現在で，雨は全国で約 1300 か所，そのうち風は約 700 か所で観測が行われている．アメダスは，メソスケールの現象を把握できるよう，データの代表性を検討して設置の密度を決められた．なお，気象官署等のデータについても，現在は統合的に処理されている．

　降水量とは，ある時間内に降った雨や雪などの降水を地上において測ったものであり，仮に降水が流れずにそのまま貯まった場合の水の深さ（mm）を意味する．雪やひょうなどの氷の場合は，溶かして液体の水として測る．また，降水の強さは，単位時間あたりの降水量として，mm/h として測られる．日本の気象観測では，転倒ます型雨量計が広く使われている．この雨量計は，口径 20 cm の受水器をもち，降水（雨や雪など）を，二つのますを有する転倒ますに導き，ますに貯まる水の量に転倒ますが上下する回数を乗じることで降水量を測定する．気象庁が使用しているものは，降水量 0.5 mm ごとに，ますが交互に転倒するものである．なお，寒冷地では，雪が溶けるよう，ヒーターがついているものが使用される．

　大気の動きである風は，風向風速計を使って観測される．プロペラ型の風速計を備え，尾翼をもつ飛行機の形状をした風向風速計が広く使われている．

　観測頻度という点では，気象官署とアメダスでは大きな違いがあった．気象官署では連続的な観測が行われているが，自動観測のアメダスでは当初は原則 1 時間に 1 回で，風は 10 分間平均値のみであった．しかし，現在では，台風被害の増加などによる防災意識の高まりもあり，風災害の発生との対応がより良

図 2.15 地上気象観測の屋外装置の例.地点名:東京(北の丸公園)
左から,積雪計,感雨計,温度計・湿度計,雨量計.

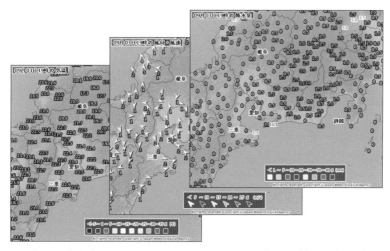

図 2.16 気象庁ホームページでのアメダスデータの表示例(気温分布など)

い最大瞬間風速の取得や,より細かな時間間隔の気象観測データの取得・提供といった防災気象情報の高度化が求められ,2008〜09年の新アメダスの導入を機に1分値,最大瞬間風速データが取得できるシステムに更新されてきている.なお,「瞬間」風速とはいうものの実際は風速計の仕様に依存するある短時間の平均風速である.この平均時間は,従来は,機器の特性に依存する小さな値であったが,気象庁では2007年12月4日より世界気象機関(WMO)の推奨値である3秒間平均値を採用している.また,2015年3月より,データの取得間

隔が，従来の10分ごとから1分ごとになり，よりリアルタイム性が高まった．

アメダスの大きな特徴としては，数十kmスケールの気象現象の把握を念頭にほぼ全国を一様にカバーした全国システムであること，リアルタイム性，データ品質の維持のための継続した取り組みなどがあげられる．データ品質は，気象業務法における検定に合格し，定期的に再検定を行うなどされている測器と，面積や高さ，周囲の建物・植生の見通し角などの基準を満たすような観測環境への設置，自然の変化から外れた観測値を自動的あるいは人間の手により検出する品質管理などにより，保たれている．

コラム2 ◆ 降水現象の大切さ

降水現象の重要性は強調しすぎることはない．地表に降り注ぐ降水は，洪水や土砂崩れなどの災害を引き起こしたり，逆に生物や人間社会に不可欠な恵みの雨・雪として役立つなど，直接の影響を与える．また，気体である水蒸気と液体または固体の水との相変化を通して，凝結熱・蒸発熱により大気の運動を駆動するエネルギー源としての重要性である．凝結と蒸発に伴うエネルギーを身近なシーンで見てみよう．キッチンにおいてヤカンの水をすべて沸騰させて蒸発させるためには，かなりのガスや電気を消費（浪費？）することは日常の経験からも想像に難くない．具体的に計算してみる．たとえば10 mmの降水は，1 m^2 あたり10 Lとなるが，水のままで0℃から100℃にするには，100×10000 calとなる．一方，この水が気体である水蒸気になるためには，蒸発熱が600 cal/gであることから，6000 kcalが必要となる．もし，この熱量を100 Wの電球を並べて実現しようとすると，1 kcal/h = 1.16 Wの関係があるので，6000 kcal = 約7 kWhとなり，100 Wの電球70個を約1時間点けているのとほぼ同等である．

実は，水蒸気の凝結が上空で起こるときは，蒸発の場合と逆のことが起こり，空気が暖められることになる．大気中の対流活動のエネルギー源は，元を辿れば太陽エネルギーに行き着くが，直接的には水の相変化の際のエネルギーに大きく依存している．

2.3 解析雨量と降水短時間予報

地上の1時間降水量を面的に精度良く推定するため，気象庁では，気象庁の気象レーダーと国土交通省のレーダー雨量計による観測データを，アメダスに加え，国の他機関や都道府県の雨量計（約10000か所）による観測で補正した解析雨量を計算している．地上の雨量計は，設置された地点における正確な雨量を測定できるが，面的には隙間だらけである．一方，レーダーは，雨粒から返ってくる電波の強さにより面的に隙間のない雨量を推定できるものの，種々の理由により地上の雨量の精度が必ずしも高くない．そこで，両者の長所を生かすことで，それぞれの弱点を軽減したものが解析雨量である（図2.17）．利用するデータの数や空間分解能は段々と向上しており，2015年現在では降水量分布が1km四方の細かさで，30分ごとに作成されている．解析雨量を利用することで，地上の雨量計の観測網にかからないような局所的な強雨も把握することができ，防災対応に利用されている．ただし，ほぼリアルタイムに10分間ごとには得られるレーダーデータに対し，約10000か所の地上の降水量データの多くは30分または1時間ごとであり，両者がそろってから計算されるた

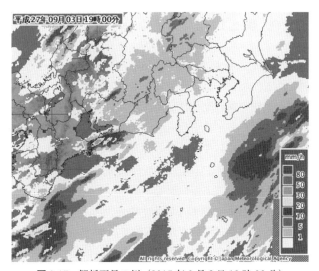

図 2.17　解析雨量の例（2015年9月3日19時00分）

め，出力間隔や出力までの時間が必要である．

　解析雨量は，降水量として直接利用されるほか，地面による雨水の貯蔵，流出等の過程を多段のタンクで近似したモデル（タンクモデル）から計算される土壌雨量指数などとともに，大雨注意報や警報，土砂災害警戒情報などの防災情報発表のための観測値としても利用されている．

　また，気象庁では解析雨量を初期値とした，降水短時間予報を行っている．降水短時間予報は，目先1〜6時間までの1時間降水量の分布を1km四方の細かさで，30分間隔で予測するもので，解析雨量と同様に30分間隔で発表される．予測されるのは，2.4.1項で述べるレーダーナウキャスト画像のような瞬間的な降水強度ではなく，1時間平均した降水量である点には注意が必要である．予測の計算にあたっては，降水域を追跡して求めたそれぞれの場所における移動速度ベクトルを利用し，初期値の降水分布を移動させ，次々と6時間後までの降水量分布を作成する（補外の一種である）．この際には，降水域の単純な移動にくわえ，地形の効果や直前の降水の変化から降水の盛衰についても考慮している．しかしながら，降水現象は，発生・衰弱・消滅し，また移動方向も変化するため，観測データからの補外のみでは，予報時間が進むほど誤差が大きくなる．そのため，予報時間の後半には数値予報による降水予測の結果を加味して予測の精度を上げている．

◆◇◆ 2.4　三つのナウキャスト ◆◇◆

　ナウキャストという言葉は，今を表す now と予報の forecast を組み合わせて作られた造語である．現在〜数時間先までの予報を指す．レーダー画像を動画で見ると，雨雲が上空の風に流されて動いているように見える．ある雨雲は比較的大きさや形を保ったまま数十分追跡できる場合もあるし，発生・消滅を繰り返しながら形態を変えてしまう場合もある．観測された降水の分布などを直前までの移動の情報を基に流すことで，短時間の予測を行おうというのが，降水の場合の簡単なナウキャストの原理である．

　2016年現在で，気象庁が発表しているナウキャストには降水，雷，竜巻発生確率の3種類がある．竜巻については2.5節で説明するが，ここでは他の二つのナウキャストの概要を紹介する．空間分解能はほぼ同じだが，それぞれが予測している対象と意味合いは異なっていることに注意が必要である．

2.4 三つのナウキャスト

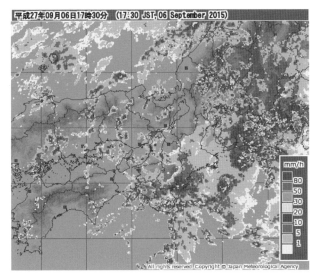

図 2.18 降水ナウキャストの画像例（2015 年 9 月 6 日 17 時 30 分）

2.4.1 降水ナウキャスト

気象レーダーによる 5 分ごとの降水強度分布のデータを基に，1 時間先までの 5 分ごとの降水強度の分布を 5 分ごとに予想する（図 2.18）．前述の降水短時間予報と似ているが，そちらが 1 時間降水量を予測対象としているのに対し，降水ナウキャストは瞬間値（より正確にはその 5 分間平均に相当）を予測対象としている．気象レーダーの観測値の誤差の補正には解析雨量の作成の際に求められる補正係数を利用しているため，解析雨量ほどの精度はないが，ほぼリアルタイムに提供できるため，きわめて短時間に生成・発達する積乱雲などの監視には，予報作業上も，また一般の利用においても適しているといえる．

2.4.2 雷ナウキャスト

雷ナウキャストは，「雷の激しさ」や「雷の可能性」の程度を解析し，予測する．空間分解能は，降水と同様 1 km 四方であり，10 分ごとに 1 時間後（10〜60 分先）の予測を行う（図 2.19）．雷の解析は，LIDEN（Lightning Detection Network System，雷監視システム）と呼ばれる気象庁の雷監視システムによる雷放電の検知結果とレーダーデータを基に 4 段階（活動度 1〜4）に分けて予測する．予測においては，雷雲の盛衰の傾向も考慮し，雷雲の動きと矛盾がな

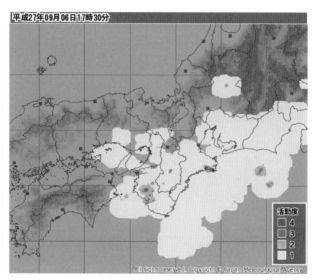

図 2.19　雷ナウキャストの画像例（2015 年 9 月 6 日 17 時 30 分）

いように移動させている．ここでは，単純に検知された雷放電の分布を初期値にしているわけではなく，気象レーダーで観測される雨雲の立体的な特徴，雷活動と関係がある $-10°C$ となる高度のエコー強度，エコー頂高度などの指標を用い，過去の統計的な関係（指標と，観測から 30 分以内に発生した落雷）を基に予測式を作成し，落雷の可能性の高い雨雲を検出することなども行っている．雷ナウキャストでは，検知される雷放電の数が多いものを活動度が高い（活動度 3～4）とし，雷放電は検知していないが落雷の可能性が高い雨雲（活動度 2），今後雷雲が発達する可能性のある領域（活動度 1）についても，予測している．

コラム 3 ◆ 高解像度降水ナウキャスト

2014 年 8 月から，気象庁では高解像度降水ナウキャストの提供を開始した．ナウキャストの対象である降水強度を，最大 250 m 解像度で予測する（図 2.20）．使用するデータには，従来の降水ナウキャストが使用している全国 20 か所の気象ドップラーレーダーの観測データにくわえ，気

2.4 三つのナウキャスト

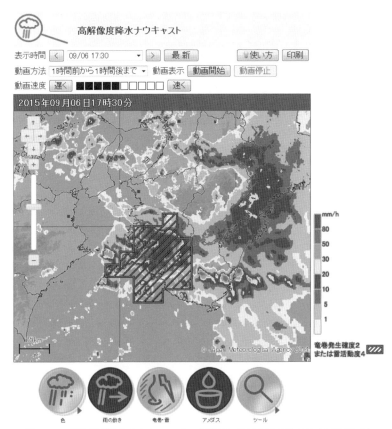

図 2.20 高解像度降水ナウキャストの画像例（2015 年 9 月 6 日 17 時 30 分）

象庁・国土交通省・地方自治体が保有する全国の雨量計のデータ，ウインドプロファイラやラジオゾンデの高層観測データ，国土交通省 X バンド MP レーダネットワーク（X-band Polarimetric（Multi Parameter）Radar Information Network；XRAIN）のデータも活用し，降水域の内部を立体的に解析して，250 m 解像度の降水分布を 30 分先まで予測する．

従来より高解像度にできたのは，レーダーの距離分解能が 250 m となったこと，および国土交通省が展開している XRAIN の 250 m 分解能のデータを利用できるようになったためである．また，解像度の向上だけではなく，初期値データの作成，予測手法にも大きく改善がなされており，従来の降水ナウキャストとは世代が違っている（図 2.21）．前述のナ

図 2.21 高解像度降水ナウキャストにおけるデータの流れ

図 2.22 降水ナウキャストのタブレット・スマートフォン用ページの表示

ウキャストからの改良は多々あるが，特に次の3点があげられる．
- 入力データ：Cバンドレーダー＋XRAIN＋地上気象観測＋高層気象観測
- 初期値の解析手法：低高度の降水強度分布にくわえ，3次元的なレーダーデータ，ドップラー速度データなどによる風の分布など
- 予測手法：強雨域を分離しての移動予測，発生予測，地形性降水の予測などを3次元的に行う．時間積分には，セミラグランジュ的な手法を利用するなど

また，ホームページでの提供に際しても改善がみられる．使い勝手を考慮して，同じ画面で，竜巻ナウキャストや雷ナウキャストにより現象が予測される場合には，領域情報が重ね合わせて表示されるようになっ

ているほか，地図表示機能も使いやすいようになっている．また，スマートフォン用の一般的なユーザーインターフェースの専用画面を用意し，屋外で活動しているユーザーなどが有効に活用できるように考えられている（図2.22）．自らのため，また，グループ活動やイベントの担当者の方も，ぜひ，利用してほしい．

◆◇◆ 2.5 竜巻の監視と予測 ◆◇◆

2.5.1 レーダーによるメソサイクロンの探知

2006年は二つの顕著な竜巻被害が発生した．9月17日には台風第13号に伴い宮崎県延岡市で藤田スケールでF2の竜巻が起きて，多くの家屋の被害があり，2名の死者が出た．それから2か月も経たない11月7日は，急発達した低気圧の通過に伴い北海道常呂町佐呂間にて，日本では最大級の藤田スケールF3の竜巻が発生し9名の死者を出した．これらの竜巻被害を契機として，国民からは国としての竜巻対策が求められ，レーダー（特にドップラーレーダー）と数値予報を利用した竜巻等突風の監視と予測について気象庁等が本格的に取り組むこととなった．

ドップラーレーダーは，積乱雲中の渦パターンを検出することで，竜巻の親雲となる可能性が高いスーパーセルが検出できる．スーパーセルは，内部に数km～10 km程度の小低気圧をもつ積乱雲で，その小低気圧をメソサイクロンと呼ぶ．1970年代に米国のBurgessら（1979）はドップラーレーダーによるメソサイクロンの検出を行い，その約半数で竜巻が発生していたことを見出した．上空に検出される渦は，必ずしも竜巻とは限らないが，間接的に竜巻の予測ができる可能性が示されたことになる．竜巻を伴うメソサイクロンの割合は，最近のデータを用いた統計では30～50％あるいは15％程度となっているものの，米国では最も有効な観測情報の一つである．

これらの知見は主として米国での観測で得られたものが多いが，わが国においてもドップラーレーダーなどを用いた研究から，スーパーセルが発生していること，顕著な竜巻事例の多くでドップラーレーダーによってメソサイクロンを捉えることができることがわかってきた．

具体的なメソサイクロン検出アルゴリズムには種々のものがあるが，基本的

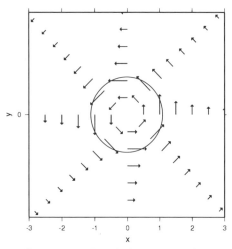

図 2.23 検出アルゴリズムが仮定する風の場（ランキン渦）
図の円の半径は r_c. 中心から半径 r_c 以内は剛体渦（風速は r に比例），外側ではポテンシャル渦（風速は r に反比例）.

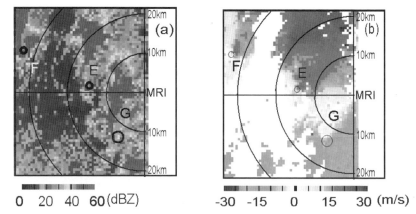

図 2.24 1990 年 9 月 19 日に栃木県壬生町を襲った竜巻の親雲中などのメソサイクロン（E，F，G の○）
（左）レーダー反射強度，（右）ドップラー速度．気象研究所ドップラーレーダーの位置を MRI で示す．
［口絵 5 参照］

には，中心位置，渦の強さ，剛体渦部分（コア）の直径などを求めるもので，わが国では気象研究所において開発されたものがベースとして使われている．
　簡単に，現在，気象庁で使用しているドップラーレーダーを用いた渦検出ア

ルゴリズムの紹介をする．検出アルゴリズムは，メソサイクロンの渦としてランキン渦（図 2.23）等を仮定し，ドップラーレーダーデータを用いてパターンマッチングによりメソサイクロンを検出する．図 2.24 に実際の検出例を示す．図の左右は，レーダー反射強度とドップラー速度の場を表し，メソサイクロンは円の部分にある．

しかし，すべてのメソサイクロンが竜巻を伴うわけではないこと，気象レーダーの多くは 2006 年当時は従来型気象レーダーであったことから，監視・予測については，後述する竜巻注意情報，および竜巻発生確度ナウキャストの開発を待つ必要があった．

2.5.2 竜巻注意情報

気象庁が 2008 年 3 月に開始した竜巻等突風の予測情報である．ドップラーレーダーによるメソサイクロンの自動検出結果にくわえ，レーダーで推定した降水強度データや数値予報モデルからコラム 4 の大気環境パラメータなどの突風関連指数の計算結果が用いられており，それらを総合した突風危険指数を計算して使用している．竜巻注意情報作成の模式図を図 2.25 に示す．

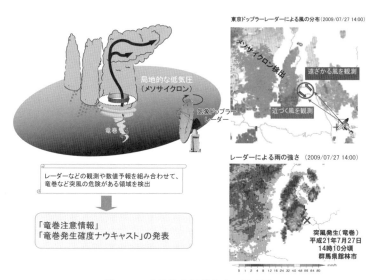

図 2.25 竜巻注意情報作成の模式図
気象庁による図から再構成．左図は観測から発表に至る流れの模式図．右図は使用するレーダーデータの例．

関東地方における降水強度と竜巻発生確度

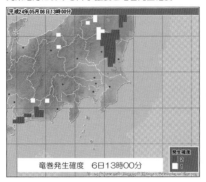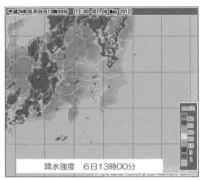

図 2.26 竜巻発生確度ナウキャストの画像例（2012年5月6日13時00分）

ただし，ⅰ）スーパーセル以外の親雲からの竜巻の存在があること，ⅱ）遠距離や小さなメソサイクロンでは必ずしもドップラーレーダーで捕捉されるわけではないこと，ⅲ）必ずしも全国がドップラーレーダーでカバーされているわけではないこと，ⅳ）データ品質に起因する誤検出の存在などの理由により，大気環境パラメータに基づくポテンシャル予測と組み合わせて精度向上を図っている．検出精度については，2010～14年度において，約5%の検出率であるとされている．

2.5.3 竜巻発生確度ナウキャスト

竜巻注意情報は，県程度の広がりで，1時間程度の時間幅で情報を発表する．一方，実際の竜巻は積乱雲等の対流雲の下で発生するのが普通である．そこで，場所と時間をより狭い範囲に絞ることができる情報として，竜巻発生確度ナウキャストが開発された．

竜巻発生確度ナウキャストは，気象ドップラーレーダーと数値予報データから計算される大気環境パラメータなどを用いて「竜巻が今にも発生する（または発生している）可能性の程度」を推定した発生確度として二つのランクで表している．

2.4節の二つのナウキャストとはやや異なり，空間分解能は10km四方とし，1時間後までの10分ごとの発生確度を10分更新で提供する．竜巻発生確度ナウキャストは，地図上の分布として表現され，気象庁ホームページなどで公開されている（図2.26）．前述の竜巻注意情報が比較的広い範囲，1時間程度の有

効時間で発表されるのに対し、このナウキャストでは、強い積乱雲がある領域などに地域と時間を絞って発表されることから、屋外での種々の活動や学校などの組織で利用することで、未然に危険を避けることができる。

ただし、発生確度2は予測の適中率5〜10%、捕捉率20〜30%、発生確度1では適中率1〜5%程度、捕捉率60〜70%程度になるように設定されており、利用にあたってはこのことを理解して使うのがよい。

コラム4 ◆ 大気環境パラメータ

過去の研究から、竜巻には発生しやすい環境があることが知られている。特に、強い竜巻をもたらすことの多いスーパーセルという特殊な積乱雲が発達する環境は、不安定な大気成層と強い風の鉛直シアーによって特徴づけられる。スーパーセルは内部にメソサイクロンと呼ばれる小低気圧をもつ発達した積乱雲である。そういった「環境」を定量的な指標を用いることで把握できる。たとえば、大気の不安定の程度を示す指標であるCAPE（convective available potential energy：図2.27）や、K-インデックスと呼ばれる指標、風の鉛直シアーの情報を与える地上から3kmまでの風ベクトルのシアーや、ストームに相対的なヘリシティ

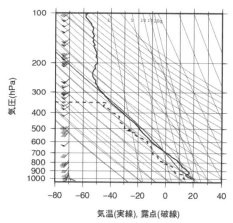

図2.27　エマグラムを用いたCAPEの概念図
気温と地上から持ち上げた空気塊の気温の曲線の囲む領域（ハッチ）がCAPEに対応．

ーと呼ばれる量が用いられる．

また，ヘリシティー（SRHまたはSREH），あるいは，それらを組み合わせた指標など，実用的な観点で定義された指標が利用される（図2.28）．

図2.29に示すのは，過去に発生した竜巻等突風の事例について瀧下（2011）が求めた，発生時刻前後1時間以内で発生地点を中心とする50km四方内のCAPE，SRH，EHIの最大値である．F1以上の竜巻の多

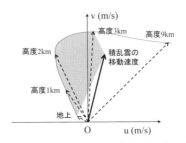

図2.28 ホドグラフを用いたSRHの概念図
各高度の風ベクトルの先端を結んだ曲線がホドグラフ．SRHは，積乱雲の移動ベクトル（原点からの矢印）の先端と地上から3kmまでのホドグラフの領域（ハッチ域）の面積の2倍に等しい．

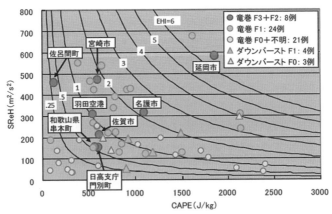

図2.29 竜巻およびダウンバースト事例におけるCAPE，SRH（図ではSReH），EHIの散布図
発生時刻前後1時間内で発生地点を中心とする50km四方内のEHI最大値と，その時のCAPEおよびSRH．F2以上の事例には地名を付した．滝下（2011）より．

くが，大きな SRH と CAPE の領域で発生していることがわかる．図中の曲線は，CAPE と SRH の積を 16000（正規化のための係数）で割った指数である EHI の等値線であり，傾向として大きな EHI の領域で F1 以上の竜巻の発生が多いことがわかる．実際の竜巻等突風の予測にあたっては，これらの環境場の指数を用いることにより，ポテンシャル予測ができることになる．

　これらの指標のほとんどは，上空の気温や水蒸気量，風速の鉛直分布を用いて計算できる．指標には CAPE などのように物理的にわかりやすいものもあるが，たとえば EHI のように異なる物理量を表す指標の積を適当な定数で正規化するなどしたかなりテクニカルな指標もある．そういった指標にも統計的には実用性がかなり高いものがある．これらの指標は，高層気象観測データによる実況把握にはもちろん，数値予報データを用いることで数日前から直前までの予測にも使われる．

　気象庁が 2008 年 3 月から開始した竜巻注意情報や 2010 年 5 月からの竜巻ナウキャストでは，これらの指標等を組み合わせた回帰式を作成して発生のポテンシャルの評価を行うとともに，後述のメソサイクロン検出やレーダーエコーの強さ，高度等の情報を加味して，予測に利用している．ただし，これらの指標は，スーパーセルに伴う竜巻については比較的良い目安となるが，非スーパーセル竜巻や，竜巻以外の突風であるダウンバースト，ガストフロント（積乱雲の下で形成された冷たく重い空気が流れ出すことに伴い発生する局地前線）については異なった指標が使われる．実際，気象庁における竜巻注意情報等においても，竜巻およびダウンバーストでは異なる指標と地域依存性のある閾値を用いている．

2.6　将来の観測システム

　日本では，レーダーが現業的な気象観測に使われるようになって 50 年を超えている．また，自動的にデジタル値で気象データを集めるネットワークアメダスの導入からも 40 年を超えている．この間，人間が目で読み取り，スケッチや言葉で情報を伝えていたアナログの気象レーダーのデータは，デジタル化

され，さらにドップラー化が進むなど，大きく進化している．

また，長く研究で使われてきた二重偏波ドップラーレーダー（MPレーダーともいわれる）は，国土交通省によるXRAINとして，大都市圏を中心に整備されてきた．

現在，次の世代の気象レーダーとして期待されているものとしてフェーズドアレイレーダー（図2.30，2.31）がある．「フェーズドアレイ（phased array）」とは，多数のアンテナ素子を並べ（array），各アンテナ素子の電波の位相（phase）を電子的に制御することで，一つのアンテナとして使うものである．

図2.30　気象研究所のXバンドフェーズドアレイレーダーのアンテナ（（株）東芝提供）

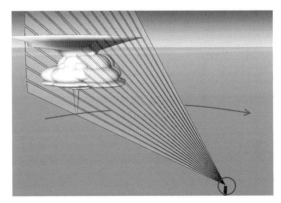

図2.31　フェーズドアレイレーダーによる3次元高速走査の模式図
鉛直断面の観測がほぼ瞬時であることから，水平に一回転するだけで，3次元的なデータが得られる．鉛直方向に延びた扇状のビームとして電波を発射し，帰ってきた電波を計算処理することによりあたかも細いビームで観測したかのようなデータを得ることができる（デジタルビームフォーミング）．

2.6 将来の観測システム

さて,現在の主流であるパラボラアンテナと比較してどんな良い点があるのだろうか.フェーズドアレイレーダーでは送信波を電子的に制御して高速走査を実現したり,場合によっては複数の方向のビームを同時に出すアクティブ・ビームフォーミングや,受信時に複数の方向に対して,仮想的に同時にアンテナを向けたのと同様な効果をもつようにビームフォーミングするイメージングと呼ばれる技術の組み合わせが使われる.現在,日本では送信には鉛直方向にやや広がったファンビームを発射し,受信時に仮想的に複数の仰角方向の受信ビームを形成するレーダーの研究が進められている.同時に複数の仰角が観測できるこのようなレーダーは,各時刻に一つの方向しか向けられないパラボラ方式のレーダーに比べて,高速に3次元的なデータを得ることができる.このようなレーダーを使うことによって,鉛直方向にきめ細かく,時間的に高頻度の観測が可能となることから,急速に発達・衰弱する積乱雲などを的確に把握することができ,局地的大雨(いわゆるゲリラ豪雨)などの監視に有効である.

一方,レーザー光を用いたライダーでも,水蒸気ライダーと呼ばれる,水蒸気分布を鉛直あるいは3次元的に観測できるライダーへの期待も大きい.水蒸

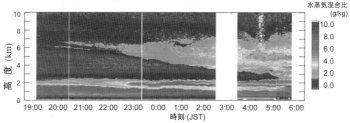

図 2.32 ラマンライダーの外観(上)と水蒸気の鉛直分布(下)
気象研究所提供.Sakai *et al.* (2007) を基に作成.

気は大気中にあって，降水の原料となるだけでなく，凝結を通して空気を加熱して対流雲の発達をもたらし，蒸発を通して空気を冷却して下降流をもたらすことによっても，対流雲の発生・維持・衰弱に大きな影響を与える．しかし，水蒸気の観測は，水蒸気を鉛直方向に積分した可降水量についてはGPS/GNSSを用いた手法やゾンデ観測などの観測手段があるものの，鉛直の分布を精度良く観測する手段としてはたとえば12時間ごとのゾンデ観測ぐらいしかなかった．近年のライダー技術の発展は，このような水蒸気ライダーの実用的な利用に期待をもたらしている．

水蒸気の測定に利用されるライダーの方式には主として2種類ある．一つは，レーザー光を受けた分子が，分子に固有の異なる周波数を放射するラマン散乱を利用したラマンライダー（Raman lidar），もう一つは異なる周波数のレーザー光を用い，分子による吸収の強さが周波数により異なることを利用したDIAL（differential absorption lidar，差分吸収ライダー）である．

図2.32は，気象研究所のラマンライダーの外観と観測例である．ここでは，窒素分子の量と水蒸気の分子の量をそれぞれ測定し，大気中の窒素の成分が上空までほぼ一定であることを利用し，両者の比を用いて，空気中の水蒸気の量を求めている．

注

1) 国土地理院．電子基準点データ提供サービス．http://terras.gsi.go.jp/geo_info/images/denshikijunten_3.jpg

数値モデルによる気象予測

◇◆◆ 3.1 大気の基礎方程式系と気象の予測 ◆◆◇

3.1.1 大気の基礎方程式

数値モデルによる気象予測は，大気の状態を数値的に表現し，物理法則に基づいて大気状態の時間変化を計算機を用いて定量的に求めることにより，将来の大気の状態を予測するものである．予測の精度を決める要素としては，数値モデル（領域，分解能，力学過程，物理過程），初期条件（データ，解析手法），境界条件の三つが挙げられる．ここではまず，気象予測に用いられる数値モデルの基本法則について述べる．

大気の状態を表す基本的な変数は，乾燥大気の場合，速度（風速）の3成分と，気圧，気温，密度の六つである．湿潤大気の場合，これらに水蒸気が加わる．大気中に水や氷が存在する場合には，水滴（雲水や霧粒）や氷（雲氷，雪，あられ，ひょうなど）について，非常に多彩な状態がありうる．またエアロゾルと呼ばれる大気成分以外の固形物が含まれることもある．ここでは簡単のため，まず乾燥大気について述べる．

乾燥大気についての基礎的な時間発展式は，
- 運動方程式（3方向）
- 連続の式（質量保存の式）
- 熱力学の第一法則

である．方程式の具体的な形は付録に示し，ここでは各方程式の意味について，定性的に述べることにする．

(1) 運動方程式 (付録 A.1)

運動方程式は，ニュートンの運動の法則

$$\text{物体に働く力} = \text{質量} \times \text{加速度}$$

が基礎になっている．これを空気など流体について当てはめた場合，ナビエ-ストークスの式と呼ばれ，

$$\text{加速度} = \text{単位質量あたりの（圧力傾度力} + \text{外力)}$$

で表される．ここで外力としては，重力，コリオリ力，粘性（摩擦力）などがある．

重力加速度は鉛直下向きにのみ働く $9.8\,\mathrm{m/s^2}$ 程度の大きさの加速度で，水平方向の運動方程式には現れない．地球上のすべてのものには重力が働いており，大気も例外ではない．月や人工衛星が落下しないのは，重力と遠心力（慣性に対する見かけ上の力）が釣り合っているためであるが，空気の場合はそれとは異なり，気圧が下方ほど高いということに起因する上向きの圧力傾度の力（気圧傾度力）が重力と釣り合っていることによる．言い換えれば，大気は（平均的には）重力に見合うだけの圧力成層をなしている．この気圧傾度力と重力の釣り合いについては，(2) の静力学平衡のところで再度述べる．

地球は回転しているため地球と一緒に運動している物体には地軸に対して直角の方向に遠心力が働いている（図 3.1）．遠心力による加速度は角速度と回転半径に比例するので，その大きさは北極と赤道で異なっており，北極では 0，赤道で最大となり，$3\,\mathrm{cm/s^2}$ 程度である．回転半径（地軸からの距離）が半分となる北緯 $60°$ ではこの半分の大きさになる．遠心力は赤道上で重力加速度の 300 分の 1 程度であり，このため地球は赤道半径（$6378\,\mathrm{km}$）が極半径（$6356\,\mathrm{km}$）よりも 0.3 % ほど大きい回転楕円体となる．楕円体の表面は地球による（万有）引力と遠心力をベクトル合成した力に対する等ポテンシャル面（ジオイド面）をなしている．引力と遠心力をベクトル合成した力を重力とみなせば，重力と平均海面が垂直になっている．本段落の冒頭で「鉛直下向き」と書いたのはこの重力の向きであり，実際の地球中心の向きは「真下」の方向よりも北半球ではわずかに北側にずれている．

重力加速度の大きさは高度方向にも変化し，上空ほど地球中心から離れることと遠心力が大きくなることのために小さくなり，静止衛星がおかれる赤道上空の高度約 $35800\,\mathrm{km}$ では，重力加速度はほぼ 0 になる．通常気象で扱う高度 $10\,\mathrm{km}$ 程度での大きさの変化は，0.3 % 程度である．通常，気象モデルでは地球

3.1 大気の基礎方程式系と気象の予測

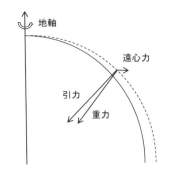

図 3.1 重力加速度と遠心力
実線は球面，破線は遠心力が加わった場合の回転楕円体の断面を表す．

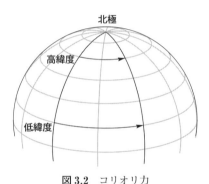

図 3.2 コリオリ力
地球の自転の速度は低緯度ほど大きいため，北に向かう動きをすると運動は東にずれる．

を球と近似し，重力の場所（緯度や高度）による変化を無視しており，気象庁のモデルでは重力加速度の大きさとして，$9.80665\,\mathrm{m/s^2}$ という一定値を使っている．より厳密には月や太陽による潮汐力（万有引力と遠心力の場所による違いに起因する力）が働くが，月の潮汐力（太陽の約 2 倍）でも重力の 1000 万分の 1 程度の大きさで，これも無視される[1]．

地球上ではコリオリ力が加わる．コリオリ力は遠心力とは異なり，回転座標上で物体が運動する場合にその向きを変えるように働く見かけ上の力で，転向力とも呼ばれ，北半球では運動に対して右向きに働く．すなわち北に向かう運動に対しては東向きに，南に向かう運動に対しては西向きに力が働く．これは地球回転による自転の速度が赤道に近いほど大きい（赤道上での自転速度は約

460 m/s) ためと考えれば理解しやすい (図 3.2). ただし実際には自転速度の差だけではなく角運動量の保存による. 東西方向に対しても, 東に向かう動きには南向き, 西に向かう動きには北向きの力が働く. これは東に向かう運動では地軸から外向きの遠心力が増大しその水平成分が南側を向くためで, 上述図 3.1 の遠心力が大きくなる場合を考えれば理解しやすい. コリオリ力は鉛直方向や鉛直運動に対しても働く (付録 A 参照) が, 大気の鉛直運動が水平方向の運動に対して小さくまた鉛直方向には重力加速度に比べて小さいことから, 通常の数値予報では無視される.

水平方向の気圧傾度力は通常, コリオリ力と粘性 (摩擦) 力の和とほぼ釣り合っているが, 低気圧 (や台風) の周辺では気圧傾度力が勝るため, この加速度により低気圧周辺の風は, 吹く方向に対して左側に向きを変えつつ低気圧周辺を反時計回りに周回する (図 3.3 左上). 別の言い方をすれば, この低気圧中心向きの加速度が遠心力と釣り合っている. 摩擦が無視できる場合は, コリオリ力と遠心力の和が気圧傾度力と釣り合う傾度風平衡となる (図 3.3 右上).

高気圧性回転の場合は, 気圧傾度力と遠心力の向きが同じになり, それがコリオリ力と釣り合う (図 3.3 下). 言い方を変えれば, コリオリ力から遠心力を差し引いたものと気圧傾度力が釣り合うので, 高気圧周辺の気圧傾度は小さくなる. また緯度が低い場所ではコリオリ力が小さくなるので, 一般に気圧傾度が同じ場合では低緯度地方では高緯度地方よりも風速が強くなる

(2) 静力学平衡

大気は, 平均的には鉛直方向に重力にほぼ見合うだけの圧力成層をなしており, 重力と鉛直方向の気圧傾度力の差が鉛直方向の加速度となる (図 3.4). 通常の大気では, 水平方向の運動のスケールが鉛直方向のスケールよりもはるかに大きく,

$$鉛直気圧傾度力 = 重力$$

の関係が比較的良い精度で成り立つ. 上記の関係を静力学平衡もしくは静水圧平衡 (hydrostatic equilibrium) と呼び, 関係式を静力学 (静水圧) の式と呼ぶ. ある地点の気圧は気圧傾度を大気の上端から積分したものなので, その地点よりも上にある大気の単位面積あたりの重さに等しいことになる. 空気の密度は地表付近ではおよそ 1.2 kg/m^3 であり, 気圧の単位 Pa (パスカル) は N/m^2 ($= \text{kg/m/s}^2$) なので, 地表付近では 1 m につき, 約 10 Pa (= 0.1 hPa) 気圧が変化している. 運動方程式からわかるように静力学平衡からのずれがある場合,

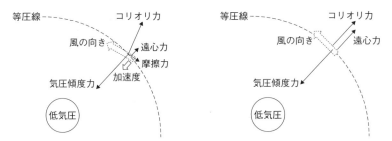

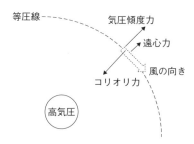

図 3.3 気体にかかる力と加速度（水平方向）
（左上）低気圧周囲の風．（右上）低気圧回転の場合の傾度風．（下）高気圧性回転の場合．

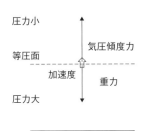

両者に差があると浮力となって鉛直方
向に加速度が生じる
静力学平衡では鉛直加速度を考えない

図 3.4 気体にかかる力と加速度（鉛直方向）

気塊には鉛直方向に加速度が生じる．鉛直方向の運動方程式を静力学の式に置き換えることを静力学近似と呼ぶ．気象モデルでの静力学近似については3.1.2項で再度述べる．

(3) 連続の式（付録 A.2）

連続の式は質量保存の式であり以下で表される．

単位体積あたりの質量の時間変化＝正味の質量流束の和

左辺は密度の時間変化を意味する．右辺の「正味の質量流束の和」とは，図3.5にあるように単位体積の上下前後左右の面を考えた場合に，各面から流入する時間あたりの質量（密度に風速を掛けたもの，「フラックス」とも呼ぶ）と流出する質量の総和を意味する．質量が保存されることを意味しているので，質量保存の式と呼ばれることもある．

(4) 熱力学の第一法則（付録 A.3）

熱力学の第一法則は，

気体の内部エネルギーの増加＝気体への加熱－気体が行う仕事

の関係である．右辺の「気体が行う仕事」とは，気体が膨張（収縮）するために費やされる（与えられる）エネルギーで，気体の体積が変わらない（定積加熱）場合は，気体への加熱は気体の温度変化になりその大きさは定積比熱で決まる．後述するように熱力学の第一法則と状態方程式を組み合わせると温位（もしくは気温）の予報方程式が得られる．

(5) 状態方程式（付録 A.4）

上述した五つの時間発展式にくわえて，気体の状態方程式がある．状態方程式は気体の気圧と密度，温度の関係で，理想気体に対しては

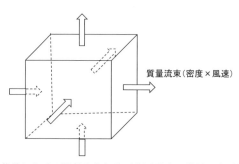

図 3.5　単位体積における質量変化と表面を通過する質量流束（矢印）の関係

$$\text{気圧} = \text{密度} \times \text{気体定数} \times \text{絶対温度}$$

で表される．気体定数は，乾燥大気に対しては，空気の平均分子量（約29）に応じて 287.05 J/kg/K という値をもつ．状態方程式は，時間発展の式ではないので，診断式として用いられる．気象モデルでは，気温を無次元化した気圧（エクスナー関数）と非断熱過程に対する保存量である温位の積で表し，状態方程式を密度や気圧の診断に用いることが多い．

湿潤気体の場合，水（H_2O）の分子量（約18）は空気のそれよりも小さいため，水蒸気が多く含まれる空気は少ない空気に対して密度が小さく（軽く）なる．ある一般向け講演会で，湿った空気は乾いた空気よりも重いと思うか軽いと思うかと講演者が参加者に質問したところ，ほとんどの参加者が重いというほうに手を挙げたが，実際は逆で，同じ温度と気圧に対しては水蒸気を多く含むほど空気は軽くなる．実感がその逆なのは，飽和水蒸気圧は気温が大きくなるとともに増大するため，相対湿度は冷たい空気では大きくなることが多く，地下室など冷暗所といわれる日射や通風がない場所で，周囲より相対的に冷たく重い空気が湿っているため，そう感じられるからであろう．

気象の分野では，水蒸気が含まれることによって気体が軽くなる効果を温度に換算して，状態方程式や浮力の計算に乾燥大気と同じ形の式を用いることができるようにした「仮温度」と呼ばれる絶対温度を用いることがある．仮温度は

$$\text{仮温度} = \text{絶対温度} \times (1 + 0.61 \times \text{水蒸気混合比})$$

の形の式で表される．ここで混合比とは単位体積中に含まれる乾燥大気に対する水蒸気の質量比である．例えば気温 25℃，相対湿度 75% の大気の水蒸気量は，15 g/kg 程度なので，仮温度は 2.7℃ ほど通常の絶対温度よりも高くなる．温位の定義式で温度を仮温度に置き換えたものを仮温位と呼ぶ．

3.1.2 静力学モデルと非静力学モデル

静力学平衡のところで述べたように，大気の運動の鉛直方向のスケールが水平方向に比べて十分小さい場合には，気体が受ける鉛直方向の加速度は小さく，鉛直方向の気圧傾度力は重力とほぼ釣り合っている（静力学平衡）．この場合，鉛直方向の運動方程式は，静力学の式に置き換えることができる．静力学近似を仮定すると，地表気圧がわかれば，大気の3次元的な気圧の分布は気温（厳密には仮温度）を知るだけで求めることができる．あるいは，気温と気圧の鉛

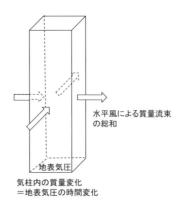

図 3.6 静力学モデルにおける地表気圧の計算
矢印は水平の質量流束.

直分布が測定できていれば，高度を求めることができる．このため，高層ゾンデ観測による高度は静力学の式の積み上げで求めるのが普通である．また単位面積の気柱を考えた場合，ある高度の気圧はその上にある大気の重さに等しいので，連続の式を積み上げることにより

　　　単位面積あたりの質量の時間変化＝正味の質量流束の鉛直方向総和

の関係から，水平風がわかれば地表気圧の時間変化を計算することができる（図 3.6，付録 B）．これは数値モデルでの計算には大変便利で，歴史的に数値予報モデルでは静力学近似が通常に使われてきていた．

　静力学近似は，おおむね水平格子間隔 10 km 以上のモデルのメソ α スケール以上の現象を予報対象にする場合には，十分な精度で成立するが，集中豪雨などの顕著な降水現象の多くは，積乱雲やメソ対流系擾乱と呼ばれる積乱雲の集合体によって引き起こされる．これらの現象の水平スケールは通常数十 km 以下で，鉛直方向に無視できない大きさの加速度が生じる．また運動場と降水域の決定には水の相変化に伴う潜熱の解放と雲内水物質の分布が重要である．このため，顕著降水現象の予報には，雲の微物理過程を含む水平分解能 5 km 以下の非静力学モデルを用いるべきである．

　安定大気では図 3.7 のように空気塊の鉛直方向の変位に対する復元力が働き，安定度で決まる振動数（ブラント–バイサラの振動数）をもつ波（重力波）が生じる（付録 C）．

　静力学近似を行うかどうかで，内部重力波の分散関係が変わることが知られ

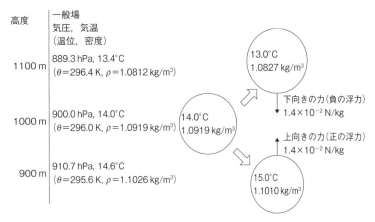

図 3.7 安定大気中の空気塊に働く復元力
左図は一般場の鉛直プロファイル．θ は温位，ρ は密度．右図は，気塊が鉛直変位した場合の気温と密度．斉藤 (1994a) より．

ており（付録 D.1），山岳波についても，非静力学モデルのほうが細かな地形に対する応答を正しく表現できる（付録 D.2）．図 3.8 は，水平スケールが異なる 3 次元の山を越える線形山岳波を静力学と非静力学で計算した場合である．左側の a），b）で示す水平スケールが大きな山の場合，山岳波は山の鉛直上方に伝播しており両者に大きな差はないが，右側の水平スケールが小さな山の場合，d）に示す非静力学山岳波は山岳波が風下側（図の右側）に伝播しているが，c）の静力学山岳波では，山岳波は鉛直上方にのみ伝播している．

非静力学モデルは，静力学近似を行わず鉛直方向にも運動方程式を使うので，モデルの水平分解能に原理的な制限がなくなるが，3 次元の気圧の変化を連続の式と状態方程式から直接求めなければならない．また連続の式に圧縮性を考慮する場合，解に音波が含まれる（付録 D.3）ので，その扱いに工夫が必要になる．

3.2 物 理 過 程

実際の気象モデルでは，大気中の水の状態の表現と，水の相変化や放射などによる非断熱過程が非常に重要で，その扱いは複雑で多岐にわたる（図 3.9）．これらを完全に直接計算することは一般には不可能なので，なんらかの粗視化

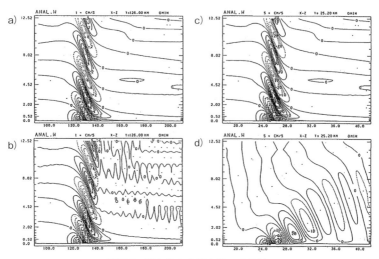

図 3.8 静力学と非静力学の山岳波
a) 水平スケールの大きな山 ($a=6\,\mathrm{km}$) に対する静力学山岳波, b) 同じく非静力学山岳波, c) と d) 水平スケールが小さな山 ($a=1.2\,\mathrm{km}$) の場合. 一般風 $8\,\mathrm{m/s}$, 弱安定度の大気の場合. Ikawa and Saito (1991) より.

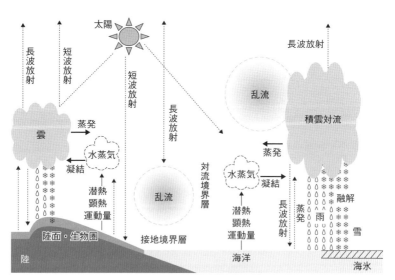

図 3.9 大気中の物理過程
斉藤・岡本 (2008) を改変.

の近似を行ってモデル格子点の物理量でこれらのプロセスを表現する．これを物理過程といい，特にモデルの解像度で表現できない小さなスケールの現象（サブグリッドスケール現象）を格子スケールの物理量によってコントロールし，その影響を格子スケールに取り込むための手法をパラメタリゼーションと呼ぶ．気象モデルの物理過程としては，放射，雲（微）物理，積雲対流，乱流と境界層，地表面などがあり，解像度がそれほど高くない全球モデルでは重力波による運動量輸送（重力波ドラッグ）などもパラメタライズされる．本節では，主に雲物理，積雲対流，乱流と境界層について述べ，他の物理過程については気象庁数値予報モデルの説明で簡単に触れる．

3.2.1 雲物理過程
(1) バルク法

メソスケールの気象モデルの物理過程として重要かつ代表的なものとして，バルク法と呼ばれる雲物理（cloud microphysics，雲微物理とも呼ばれる）過程がある．実際の大気中にはさまざまな水物質が存在するが，バルク法では水物質を水蒸気（water vapor），雲水（cloud water），雨（rain），氷晶（cloud ice），雪（snow），あられ（graupel）などのカテゴリーに分け，混合比や数濃度などを予報変数として，それらの変化を計算する．

気象庁での数値予報（3.6節参照）や気象研究所での研究に用いられている気象庁非静力学モデル（JMA-NHM）に組み込まれている雲物理過程を図3.10に示す．気象庁メソモデルや局地モデルを含むほとんどのメソスケールモデルでは，雲水や雲氷については単一の粒径を仮定し，雨・雪・あられについては，粒径の小さなものほど数が多いという分布関数（逆指数分布など）を仮定するバルク法の雲物理過程を用いている．バルク法には混合比のみを計算する方法（シングルモーメント法）と混合比にくわえ数濃度も予報する方法（ダブルモーメント法）がある（図3.11左）．実際の雨や雪では，粒径の大きなものは小さなものより早く落下するが，粒径分布を仮定することにより，混合比や数濃度が決まれば質量平均，あるいは数濃度平均した「バルク」の落下速度が求められる（付録E）．バルク法の雲物理過程では，質量平均や数濃度平均した落下速度でその水物質全体が落下することを仮定する（図3.11右）．

気象庁非静力学モデルに用いられているバルク法雲物理過程での落下速度が混合比でどう変わるかを図3.12に示す．雨やあられは数 m/s，雪は 1 m/s 程度

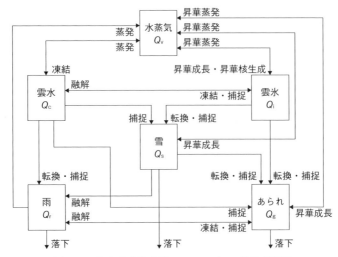

図 3.10 気象庁非静力学モデルのバルク法物理過程
斉藤（1999a）を改変．

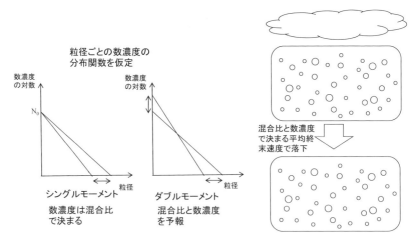

図 3.11 バルク法雲物理過程
（左）シングルモーメント法とダブルモーメント法．シングルモーメント法では N_0 が固定されている．（右）バルク法での降水物質の落下の考え方．

である．

(2) ビン法

雲の微物理をバルク法より精密に扱う手法として，「ビン法」と呼ばれるもの

3.2 物理過程

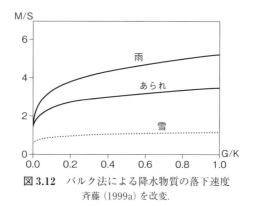

図 3.12 バルク法による降水物質の落下速度
斉藤 (1999a) を改変.

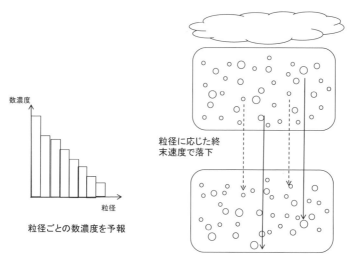

図 3.13 ビン法雲物理過程
(左) 粒径ごとに数濃度を計算する. (右) ビン法での降水物質の落下の考え方.

がある．ビン法では，粒径ごとの「ビン」を決め，各ビンに含まれる水物質の量を計算する．これによって，粒径の大きな降水物質ほど速く落下する過程をより正しく表現することができる (図 3.13)．ビン法では予報変数の数が非常に多くなるため，現業の数値予報にビン法が用いられることはないが，近年の計算機能力の向上に伴ってビン法を組み入れたモデルで現実的な設定で実験を行う試みも始まっている．

3.2.2 積雲対流パラメタリゼーションと雲解像モデル

(1) 積雲対流パラメタリゼーション

図 1.1 に示したように積雲や積乱雲の水平スケールはおおむね 10 km 以下なので，数値予報モデルの水平格子間隔がこれらの現象を表現できる（おおむね数 km）よりも粗い場合，格子平均した積雲や積乱雲の効果（主に，水蒸気の凝結や蒸発に伴う潜熱の出入りや，熱や水蒸気の鉛直輸送）のみをパラメタライズする手法がとられる．気象庁の現業数値予報モデルでは，全球モデル（Global Spectral Model；GSM：水平格子間隔約 20 km）には荒川–シューバート法と呼ばれる手法を，メソモデル（Mesoscale Model；MSM：水平格子間隔 5 km）ではケイン–フリッシュ法と呼ばれる手法を用いている．前者は全球を対象としたモデルなどやや格子間隔が粗いモデル向けのパラメタリゼーションで，深さの異なる積雲や積乱雲が格子内に複数存在することを想定している（図 3.14 左）．後者は領域モデルなどより格子間隔が細かいモデル向けのパラメタリゼーションで，ある積雲もしくは積乱雲が格子を通過する際に一定の割合で対流ポテンシャルエネルギーを消費することを想定している．

(2) 雲解像モデル

数値モデルの格子間隔が積雲や積乱雲を表現できるくらいに細かくなると，これらの雲による水蒸気の凝結や蒸発に伴う潜熱の出入りや熱や水蒸気の鉛直輸送が，モデルで直接表現できるようになってくる（図 3.14 右）ため，深い対流についての積雲対流パラメタリゼーションが不要になる．そのような解像度はどれくらいかということについては，議論の余地があるが，水平規模 10 km 程度の積乱雲を表現するには水平格子間隔として 2 km が必要なため，おおむ

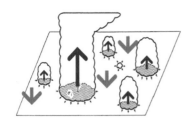
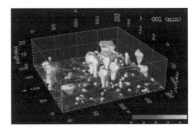

格子平均した積乱雲の効果をパラメタライズ　　個々の雲を表現

図 3.14 積雲対流パラメタリゼーション（左）と雲解像モデル（右）
雲解像モデルは気象庁非静力学モデル．東京大学三浦裕亮博士の好意による．

ね水平格子間隔2km以下で雲物理過程を含むモデルを雲解像モデルと呼んでおり，後述する気象庁局地モデル（Local Forecast Model；LFM）がそれにあたる．なお，米国などでは水平解像度4km程度でも積雲対流パラメタリゼーションを用いずに数値予報を行うことがあり，対流許容モデル（convection permitting model）などと呼ばれることがある．なお解像度2kmでも水平スケールの小さな積雲や浅い対流は表現できないため，雲解像モデルとしての解像度はまだ十分とはいえない．また深い対流についても上昇流のコアを正しく表現するためには，近年の研究では，水平格子間隔として250m程度が必要といわれることが多くなっている（Bryan et al.（2003）など）．

3.2.3 乱流パラメタリゼーションとLESモデル

大気中には積雲対流よりもスケールの小さな小規模の熱気泡や渦が多数存在する．これらは凝結を伴わないのが普通なので可視化されない（＝見えない）が，大気中の運動量，温度と水蒸気の輸送を担っており，境界層の構造を決める主要な要素になっている．これらのスケールは一般の気象予測モデルの格子間隔よりはるかに小さいため，パラメタライズされるのが普通である．メソスケールモデルで多く用いられている手法は，格子スケール以下の乱流が浮力やシアーによって生成されるとして，そのエネルギーなどを予報するもので，乱流クロージャモデルなどと呼ばれる．数値予報で用いられるモデルでは，境界層の表現を中心に乱流の等方性の程度に応じていくつかの予報式を診断式に簡略化したメラー−山田（MY）モデルと呼ばれる手法が用いられることが多い．乱流渦のうち，空間スケールがおおむね数十m以下で特に小さなものは，乱流の運動エネルギーが大きなスケールから小さなスケールに流れるだけの慣性小領域と呼ばれる性質のよくわかった等方性乱流になっている（図3.15）．これよりも大きなスケールの渦をモデルで直接解像するモデルが，ラージエディシミュレーション（large eddy simulation；LES）モデルと呼ばれる（中西，2009；2011）．乱流パラメタリゼーションとLESモデルの関係は，前述の積雲対流パラメタリゼーションと雲解像モデルと似たような関係にあるが，前者の空間スケールは後者よりも2桁ほど小さい．

気象庁のメソモデルや局地モデルでは，LESの計算結果に基づいてメラー−山田モデルを改良したメラー−山田−中西−新野（MYNN）モデルと呼ばれる手法（Nakanishi and Niino, 2009）が導入されている（Hara, 2010）．

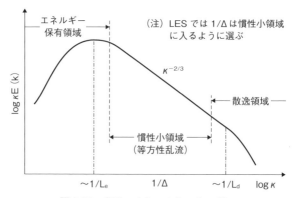

図 3.15 乱流のスケールとエネルギー

κ は波数,Δ は LES モデルの格子間隔,L_e と L_d はそれぞれエネルギー保有領域と散逸領域の特徴スケール.中西・新野 (2010) より.

◈◈◈ 3.3 データ同化 ◈◈◈

　数値モデルによる気象予測は初期値問題であり,メソスケール現象の予測において初期値の精度は決定的に重要である.利用できる観測の数は限られているので,通常,前の時間の予報結果を第一推定値(背景場)として,それを観測で修正して初期値を作る作業が行われる.観測データを数値モデルに取り込む作業を「データ同化」と呼ぶ.図 3.16 に観測とデータ同化,予報モデルの関係を示す.予報モデルによる予報値が数値予報の製品であるが,解析値そのものも製品として利用されることがある.

3.3.1　ベイズの定理と最尤推定

　データ同化の考え方の基礎となっているのは,条件付き確率に対するベイズの定理であり,第一推定値と観測が独立な場合,最尤推定は両者の確率密度分布関数の積を最大とする値として与えられる(付録 F).簡単な例として,背景場と観測の確率密度関数が,ガウスの正規分布で与えられる場合の解析値の確率密度関数を図 3.17 に示す.最も確からしい推定値(最尤推定値)としての解析値 x_a は,背景場(第一推定値)x_b と観測値 y_o の誤差に応じた重み付け平均となる.第一推定値と観測の両方の情報を生かすことにより,解析誤差は,背景誤差と観測誤差のそれぞれよりも小さな値となる.注意すべきこととして,

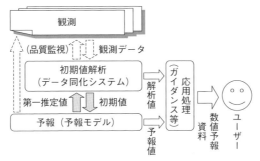

図 3.16 データ同化と数値モデル
斉藤・岡本 (2008) より.

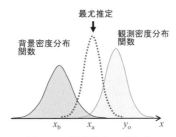

図 3.17 最尤推定の考え方
背景密度分布関数と観測密度分布関数がともに正規分布の場合.

真値は解析誤差に応じた確率密度分布関数で最尤推定値の周りに分布しており, 初期値は常に誤差を含んでいるということがある.

3.3.2 変分法

現在の数値予報で主流となっているのが, 変分法と呼ばれる解析手法である. 変分法では, 以下のような観測時刻の観測値と第一推定値の双方からの誤差の重みに応じた距離の和で評価関数を定義し, 評価関数が最小となる解を探索して解析値を求める.

評価関数 = 第一推定値からの距離 + 観測値からの距離

4次元変分法と呼ばれる手法では, 数値モデルの時間発展を用いて, 観測項は時間的広がりをもった同化期間 (同化ウインドウ) 全体で計算される (図 3.18). これによって, 同化ウインドウに含まれる非定時の観測データを生かすことができるのが4次元変分法の大きな特徴である (付録 G).

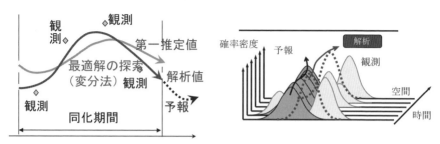

図 3.18 4 次元変分法の概念図
(左) 第一推定値の予報と観測値の関係. (右) 予報値と観測値の確率密度分布関数との関係.

気象庁では 2002 年に MSM の初期値作成 (メソ解析) に領域モデルとしては世界で初めて 4 次元変分法を導入し, GSM の初期値作成 (全球解析) にも 2005 年から 4 次元変分法を用いている. メソ解析では, 2009 年からは非静力学モデルに基づく 4 次元変分法を用いている. 気象庁の現業数値予報については, 3.6 節で詳しく述べる.

変分法に代わる新しいデータ同化手法として, アンサンブル予報で得られた予報誤差を用いて観測データを同化して解析値を得るアンサンブルカルマンフィルタと呼ばれる手法が近年使われるようになってきている. アンサンブルカルマンフィルタについては, 3.8.6 項で記述している.

◇◇◆ 3.4 境 界 条 件 ◆◇◇

3.4.1 数値モデルの境界条件

天気予報は初期値問題であるが, 支配方程式を時間積分するに際して, 境界条件が必要になる. 境界条件には, 上部・下部境界条件と側面境界条件がある.

上部境界条件としては, 上部境界からの波の反射を抑えるため数値拡散を大きくするなどの人為的な条件を設定することが多く, その場合人為的な設定が数値予報の計算結果に大きな影響を与えないように, モデルの上端を十分に高くとる必要がある. 気象庁 GSM では上端は 0.1 hPa であったが, 2014 年 3 月以降は 0.01 hPa になっている. 領域モデルでは上部境界条件は, 全球モデルなどの親モデルから与えられる. 気象庁 MSM の場合, 21.8 km を上端とし, 上部 10 層 (14.2 km よりも上) に予報値を親モデルのそれに近づける吸収層を与えている. また MSM から境界条件を受け取っている (ネスティングしている)

LFMでは20.2kmである.

　下部境界条件は,大気側からみて海面や陸面など地表面の扱いで,運動学的には地表面を風が横切らない(地表面に対して法線方向の風速が0である)ことが必要となる.地表面付近では摩擦に応じた運動量のフラックスが生じる.熱力学的には,地表面温度や海面水温に応じた熱や水蒸気のフラックスが与えられる.陸面については大気モデルと相互作用する陸面モデルがセットになって,地面温度など地表面状態が計算される.その場合の下部境界条件は,地中温度や地表面状態の気候値である.海面水温については,現在の気象庁の短期予報モデルでは,衛星などの観測による海面水温解析値を下部境界条件として与えている.予報時間が長い季節予報モデルや気候モデルでは,大気モデルと海洋モデルを結合して海面水温を予報するのが一般的である.予報時間が短いMSMなどの領域モデルの場合,予報期間中海面水温は一定となる.短期予報での海面水温の変化の影響が大きい場合として,台風がある場合の海面水温の低下がある.Ito *et al.* (2015)は,水平格子間隔5kmの気象庁非静力学モデルに鉛直1次元海洋混合層モデルを結合して,2009年から2012年9月に日本近傍を通過した全台風を対象に281ケースを対象として3日予報を行い,強度予測が改善することを示している(3.6節参照).

　全球モデルでは周期境界条件を用いることで自己完結するため側面境界条件は必要ないが,領域モデルでは側面境界条件を与えてやる必要がある.境界の影響は,気圧場に対しては音速で,気温や高度場に対しては重力波の位相速度で,水蒸気に対しては移流の速度で領域モデルの内部に影響を及ぼす(表3.1).このため,領域モデルの予報は,予報時間が長くなると境界条件を与える親モデル(や解析)の精度が結果を左右するようになる.重力波の位相速度は数十m/sを超えるので,数千kmの領域をとっていても境界の影響は半日以内に全領域に及ぶことになる.水蒸気の場合は風による移流で運ばれるので,伝播は

表3.1　境界の影響がモデルの計算に伝播する速度

変数	影響を伝播させる現象	代表的な速度
気圧	音波	300 m/s (1,000 km/h)
気温,高度場	重力波	100 m/s (300 km/h)
水蒸気	移流	30 m/s (100 km/h)

もう少し遅く風向きが重要になるが,水蒸気量は鉛直方向の傾度が大きいので,鉛直風が生じるとそれによる影響も大きい.

3.4.2　再現実験と予報実験の違い

メソスケール現象の予測は,一般に計算領域が限られているので,3.4.1項で述べたようにその予報は境界条件の影響を強く受ける.領域モデルが予測する台風や降水帯の位置などは境界条件を提供する親モデルの予測に左右されるケースが多い.気象庁のメソ4次元変分法や後述する気象研究所の雲解像4次元変分法では,観測値を用いて同化ウインドウ中の境界値を修正するようにしている.

注意すべきこととして,気象研究の分野では,境界値に解析値を用いるシミュレーションがしばしば行われるが,解析値を境界条件に用いる実験は観測で与えられる情報を用いているので,事後にしか行えないということがある.このようなシミュレーションは,現象のメカニズム調査のための研究には有用であるが,「再現実験」として,「予報実験」とは区別すべきである.領域シミュレーションの成否は境界条件の良し悪しで決まる場合も多く,解析値を側面境界に用いればうまく再現できる現象でも,現象発生前の予報開始時に入手可能になる全球モデルなどの予報値を境界値に用いるとうまく再現できないケースも少なくない.

◇◇◆ 3.5　天気予報と気候予測 ◆◇◇

メソスケールの気象予測について詳しく述べる前に触れておくべきこととして,数値モデルによる天気予報(weather prediction)と気候予測(climate projection)の違いがある.両者に共通する部分は,どちらも大気状態を格子点の数値に置き換えて,物理法則に基づいて予測するという点で,天気予報に用いられるモデル(数値予報モデル)も気候予測に用いられるモデルも基本的な予測の方程式は,ほとんど同じである.また数値予報モデルを気候予測に適用する場合も少なくない.両者が大きく異なる部分として,気候予測は,CO_2の量など地球環境の変化に応じて,気候がどう変わるかを予測するもので日々の天気を予報するわけではないということがある.重要な要素は海面水温,放射(雲を含む)や対流の効果など放射対流平衡や地球大循環の表現であり,その意

3.5 天気予報と気候予測

表 3.2 数値天気予報と気候予測，再現実験の違い

数値実験の種類	主な用途	初期条件	境界条件	迅速性
理想実験	現象の機構解明 数値モデルのチェック	目的に応じて単純化して設定	単純化して与える	重要でない
再現実験	現象の機構解明 数値モデルのチェック	解析値など	解析値など	重要でない
予報実験	予測技術の研究 現象の機構解明	解析値など	予報値（一部固定）	重要でない
数値天気予報	天気予報，防災	数値解析予報システムの解析値	予報値（一部固定）	重要
気候予測	気候の予測	解析値など	CO_2 の量など 領域気候モデルでは全球気候モデルの予報値	重要でない

味で気候予測は広義の境界値問題であるともいえる．一方，天気予報は，数時間先～数日先の天気を予報する初期値問題で，水蒸気や風，水物質の分布など初期値の精度が大変重要である．また現業数値予報では迅速性も重要で，将来変化を予測する気候予測やメカニズム解明のための再現実験とはその点でも大きく異なっている（表 3.2）．

コラム 5 ◆ 世界気象機関(WMO)と世界天気研究計画(WWRP)

国際連合（国連）には国際労働機関（ILO），国際航空機関（ICAO）など 15 の専門機関があり，その一つに世界気象機関（World Meteorological Organization；WMO）がある．WMO のなかで天気予報に深く関わるものとして，世界天気研究計画（World Weather Research Programme；WWRP）がある．WWRP は WMO 大気科学委員会の下のプログラムとして 1995 年に設立されたもので，気象予測の精度・リードタイム・利用の向上のための研究を通じて顕著気象に対応する社会の能力を向上させることを目的としている．2015 年に組織改編があり，図 3.19 に示すような六つの作業部会（メソ気象学ナウキャスティング研究，社会経済研究及び応用，予測可能性とアンサンブル予報，熱帯気象研究，予報検証研究，データ同化と観測システム）と一つのプログラム（砂塵嵐警報

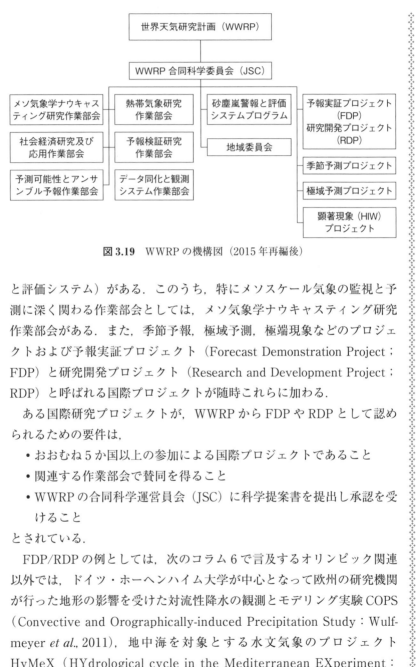

図 3.19　WWRP の機構図（2015 年再編後）

と評価システム）がある．このうち，特にメソスケール気象の監視と予測に深く関わる作業部会としては，メソ気象学ナウキャスティング研究作業部会がある．また，季節予報，極域予測，極端現象などのプロジェクトおよび予報実証プロジェクト（Forecast Demonstration Project；FDP）と研究開発プロジェクト（Research and Development Project；RDP）と呼ばれる国際プロジェクトが随時これらに加わる．

ある国際研究プロジェクトが，WWRP から FDP や RDP として認められるための要件は，

- おおむね 5 か国以上の参加による国際プロジェクトであること
- 関連する作業部会で賛同を得ること
- WWRP の合同科学運営員会（JSC）に科学提案書を提出し承認を受けること

とされている．

FDP/RDP の例としては，次のコラム 6 で言及するオリンピック関連以外では，ドイツ・ホーヘンハイム大学が中心となって欧州の研究機関が行った地形の影響を受けた対流性降水の観測とモデリング実験 COPS（Convective and Orographically-induced Precipitation Study：Wulfmeyer et al., 2011），地中海を対象とする水文気象のプロジェクト HyMeX（HYdrological cycle in the Mediterranean EXperiment：

Drobinski *et al.*, 2014）などがある．コラム10で述べる日本の首都圏を対象とする対流の観測モデル実験TOMACSも2013年7月からRDPの一つに認証されている．

　2週間先までの気象予測を双方向の観測とモデリングで改善する研究THORPEX（The Observing System Research and Predictability Experiment，観測システム研究・予測可能性実験：Shapiro and Thorpe, 2004）もWWRPのRDPの一つとして位置づけられていた．双方向予報システムとは，数値予報を行ううえで，どこで観測すると予報精度向上に最も効果が高いかを感度解析などに基づいて推定し，その場所で集中的に観測を行って予報する技術である（余田ほか，2008）．アジア太平洋地域におけるTHORPEX研究の一環として，次世代台風予報技術の開発を目指した特別観測実験T-PARC2008が，日本の気象庁や気象研究所が中心となって米国，韓国などと連携して行われ，航空観測や，海洋気象観測船，気象衛星「ひまわり7号」を用いた高層の風の算出等，台風の特別観測を実施した（気象庁，2008）．T-PARC2008での航空機特別観測については，本シリーズ第2巻『台風の正体』（筆保ほか，2014）のコラムに写真入りで取り上げられている．

コラム6 ◆ オリンピックとメソ気象の監視と予測のプロジェクト

　2000年のシドニーオリンピックに際して，豪州気象局はシドニーオリンピック会場周辺の気象のナウキャストを行う予報実証プロジェクトSydney 2000 FDPを行った．プロジェクトには，米国・カナダ・英国などからも研究者が参加し，レーダーデータの利用を中心としたナウキャストや高解像度データ同化に関する多くの成果が得られた．

　Sydney 2000 FDPの成功を受けて，2008年の北京オリンピックに際しては中国気象局が中心となってナウキャスト（FDP）とメソアンサンブル予報（RDP）の比較実験，北京2008（Beijing 2008，あるいはB08）FDP/RDPが行われた．B08 RDPでは，オリンピック期間中の8月を対象とする水平格子間隔15kmのメソアンサンブル予報のリアルタイム相互比較実験が，中国，米国，カナダ，オーストリアのほか，日本（気象

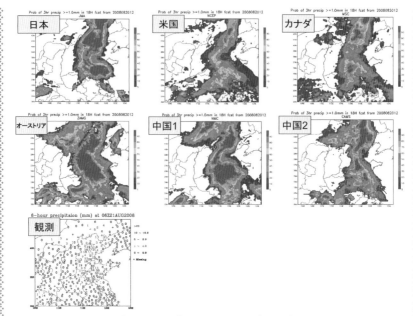

図 3.20 北京 2008 RDP での各国予報

2008 年 8 月 20 日 12 UTC（北京地方時では 20 時）を初期値とする 18 時間予報による，3 時間に 1 mm 以上の降水がある確率の分布図．中国 1 は中国気象科学院，中国 2 は中国気象局．Saito et al.(2010a) を改変．［口絵 6 参照］

庁気象研究所）も参加して行われた．図 3.20 に降水確率についてのリアルタイム実験の例を示す．

　2010 年のバンクーバー冬季オリンピックではカナダ環境省が，2014 年のソチ冬季オリンピックではロシア水文気象予測センターがそれぞれ中心となって，複雑地形の降雪を対象とする特別観測と高解像度数値予報を行っており，2018 年の平昌冬季オリンピックでも韓国気象庁が，RDP 提案を行っている．なお 2012 年のロンドンオリンピックでも英国気象局が英国南部に領域を限定した高解像度 4 次元変分法に基づく局地数値予報の特別運用を実施しているが，WWRP の国際プロジェクトとしての認証は受けずに英国の独自プロジェクトとして行った．

　このようにオリンピックは，降水（雨や雪），風，気温などの気象条件がイベントに大きな影響を及ぼすこと，対象とする場所と時期が特定されていること，社会的関心も高いこと，などの理由により，近年では気

表3.3 オリンピックに関わる気象プロジェクト

イベント	プロジェクト名	主な実施機関	内容	参加国	参考文献など
2000夏季オリンピック	Sydney 2000 FDP	豪州気象局	会場周辺のナウキャスト，短時間予測	豪州，米国，カナダ，英国	Keenan et al. (2003) 2004年の米気象学術誌 Weather and Forecasting に特別号，論文多数
2008夏季オリンピック	Beijing 2008 FDP/RDP	中国気象局	会場周辺のナウキャストとメソアンサンブル予報国際比較実験	中国，米国，カナダ，オーストリア，日本，豪州	Duan et al. (2012) Kunii et al. (2010；2011) Saito et al. (2010a；2011a)
2010冬季オリンピック	SNOW-V10 RDP	カナダ環境省	特別観測，雲解像モデルによる予報支援	カナダ，米国，中国，フィンランド，ロシア	SNOW-V10は"Science of Nowcasting Olympic Weather for Vancouver 2010"の略
2012夏季オリンピック	London 2012（仮称）	英国気象局	雲解像4次元変分法による予報支援	英国気象局の独自プロジェクト	Golding et al. (2014)
2014冬季オリンピック	FROST-14 RDP/FDP	ロシア水文気象センター	特別観測，ナウキャスト，数値モデリング（アンサンブルを含む），検証	ドイツ，カナダ，フィンランド，オランダ，韓国，米国，オーストリア，豪州	Kiktev et al. (2013)，FROST-14は"Forecast and Research in the Olympic Sochi Testbed 2014"の略
2018冬季オリンピック	ICE-POP 2018 RDP	韓国気象庁	特別観測，ナウキャスト，高解像度数値モデリングとメソアンサンブル，検証	韓国，中国，米国，カナダ，オーストリア，ロシア，豪州	ICE-POP 2018は"International Collaborative Experiments for Pyeongchang Olympics and Paralympics 2018"の略

象機関にとってメソ気象の監視と予測についての先端的な試みを行う良い機会となっている（表3.3）．

◇◆◇ 3.6　気象庁の現業数値予報 ◆◇◆

　気象庁では，1959年のIBM 704導入以降，スーパーコンピュータ（スパコン）に基づく数値解析予報システム（Numerical Analysis and Prediction System；NAPS）を5〜9年おきに更新してきており，現在のシステムは第9代目

になっている（図3.21）．地球大循環を予報する基幹モデルとしての全球モデル（GSM）の運用は1987年に始まり，その水平解像度と鉛直層数は，当初のT42（約300 km），12層から，2014年3月にはTL959（約20 km），100層に強化されている（気象庁予報部，2014a）．現在のGSMは台風や低気圧などメソαスケールの現象を表現できる解像度であるが，積乱雲については直接の予測対象とするものではなく，静力学モデルが用いられている．

3.6.1 メソモデル（MSM）

日本付近を予報対象とするモデルは，全球モデルやアジア域に埋め込まれる

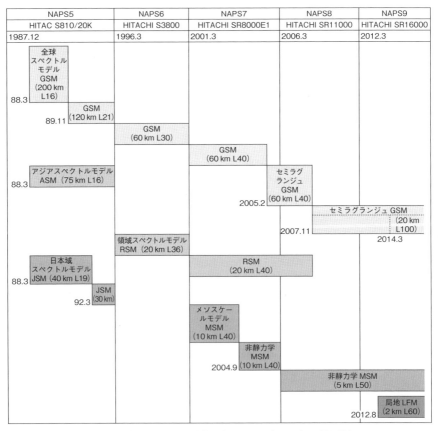

図3.21 気象庁の現業数値予報モデル（1988年3月以降）

3.6 気象庁の現業数値予報

（ネスティングされる）領域モデルとして，1983年に日本域微格子モデルVFM（Very Fine Mesh：63.5 km，11層）がスタートし，2001年からは，メソβスケールの現象も予報対象に含むメソモデル（MSM）の運用が始まっている（図3.21）．MSMは2004年9月より静力学モデルから非静力学モデルに変更されており，現在のMSMはランベルト等角図法（図3.22，付録H）での東西4080 km，南北3300 kmの日本とその周辺の領域を解像度5 kmで覆っている（図3.23）．鉛直方向の座標系としては，地形に沿った高度座標が使われており，2006年3月からは，地表面近くでは地形に沿い，高度11 kmより上方ではモデル面が水平になるハイブリッド座標が使われている（図3.24）．

初期値は4次元変分法（付録G）を用いるメソ解析で，3時間おきに1日8回運用されている．予報時間は2013年5月以前は初期時刻00, 06, 12, 18 UTCが15時間，初期時刻03, 09, 15, 21 UTCが33時間であったが，現在はすべての初期時刻で39時間に延長されている．境界条件はGSMから与えられているが，迅速な予報結果の提供を行うために解析におけるデータの集信時間をGSMよりも短くして予報モデルの実行をGSMよりも早い時間に開始している．このため，初期時刻03, 06 UTCでは00 UTCを初期値とするGSMの予報から，09, 12 UTCでは06 UTCを初期値とするGSMの予報から，境界条件が与えられる．他の時刻も同様に3ないし6時間前の初期時刻のGSMの予報から境界条件が与えられる．以前のMSMの予報時間が初期時刻によって変わっていた

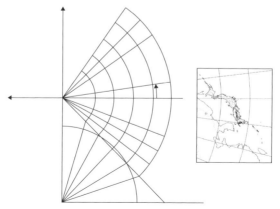

図 3.22 ランベルト等角図法
左下の円弧は地球の断面．その上の円弧は投影面を展開したもの．

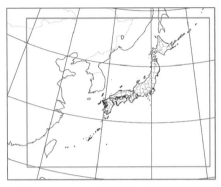

図 3.23 気象庁メソモデル (MSM) の計算領域 (外側の矩形).
内側の矩形は 2001 年 3 月〜 2013 年 3 月の領域
気象庁予報部 (2013) より.

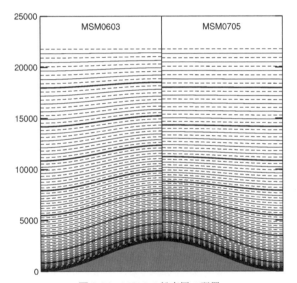

図 3.24 MSM の鉛直層の配置
左半分は 2006 年 3 月まで用いられていた地形に沿った高度座標.右半分は 2007 年 5 月
から用いられているハイブリッド座標.縦軸の単位は m.気象庁予報部 (2008) より.

のは,より直近の GSM の予報から境界条件が得られる時刻のものを長めに予報するようにしていたためである.

MSM の特徴は非静力学モデルであるとともに,バルク法による雲物理過程が組み込まれていることで,顕著現象の予測により適した設定になっている.

3.6 気象庁の現業数値予報

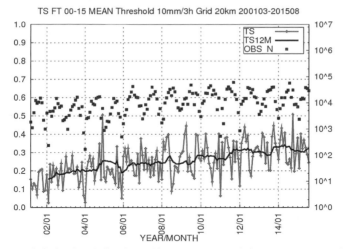

図 3.25 気象庁予報部数値予報課の検証による MSM 降水スレットスコアの変遷 15 時間までの予報の平均.3 時間雨量 10 mm を閾値とする.検証格子は 20 km で月ごとの値(TS)と前 12 か月移動平均(TS12M).OBS N は観測の総数(右の軸).2001 年 3 月から 2015 年 8 月まで.斉藤(2016)より.

図 3.25 に 2001 年 3 月から 2015 年 8 月までの MSM による降水の予測精度の変遷を示す.日本周辺の解析雨量で 3 時間 10 mm の閾値に対して,20 km の検証格子を用いて予報時間 15 時間までのスレットスコア(コラム 7 参照)の平均値の月ごとの値と前 12 か月移動平均をプロットしている.月ごとの変動が大きいが,移動平均のスコアは上下はあるものの年々向上しているのがわかる.これらには,表 3.4 に示したさまざまな改良が寄与しているが,3 時間 10 mm の降水強度に関しては,2002 年の 4 次元変分法の導入,2004 年の非静力学モデルの導入,2009 年の非静力学 4 次元変分法の導入と GPS 可降水量の利用開始,2011 年のレーダー反射強度による水蒸気推定の開始などの後にスコアが比較的明瞭に改善している.その一方,3 時間 50 mm 以上のスコアなど,災害につながるような非常に強い雨の予測の絶対的な精度はまだ十分とはいえない.

図 3.26 に MSM による予報例として,平成 27 年 9 月関東・東北豪雨の時の 9 月 9 日 21〜24 時に対する,12 時を初期値とする MSM の 12 時間予報による雨量を示す.第 1 章で述べたようにこの豪雨は,台風第 18 号から変わった日本海の低気圧に向けて南から流れ込む風と,台風第 17 号からの東寄りの風がある下層の場に上層の気圧の谷が接近するという総観場の中で,南北に延びる

3. 数値モデルによる気象予測

表 3.4 気象庁メソモデルに関する主な変更

実施時期	変更内容
2001 年 3 月	メソモデル（MSM）運用開始（10 km 40 層）
2001 年 6 月	ウインドプロファイラデータ利用開始
2002 年 3 月	4 次元変分法（4DVAR）*導入（20 km 40 層）
2002 年 8 月	国内航空機観測データ利用開始
2003 年 10 月	衛星マイクロ波放射計可降水量 / 降水データ利用開始
2004 年 7 月	QuikSCAT 散乱計海上風データ利用開始
2004 年 9 月	非静力学モデルと雲物理過程の導入
2005 年 3 月	空港気象ドップラー動径風データ利用開始
2006 年 3 月	5 km 50 層化，8 回 / 日運用
2007 年 5 月	33 時間予報（03, 09, 15, 21 UTC）開始と物理過程改良
2009 年 4 月	非静力学メソ 4 次元変分法（JNoVA）**導入（15 km 40 層）
2009 年 10 月	GPS 可降水量データ利用開始
2010 年 11 月	対流スキーム改良
2010 年 12 月	衛星輝度温度データ直接同化開始
2011 年 6 月	レーダー反射強度による水蒸気推定データ利用開始
2013 年 3 月	計算領域の拡大
2013 年 5 月	39 時間予報（00, 03, 06, 09, 12, 15, 18, 21 UTC）開始
2013 年 9 月	マイクロ波イメージャ AMSR2 輝度温度データ利用開始

* : 4 Dimentional Variational Method
** : JMA Nonhydrostatic Model Based Variational Method

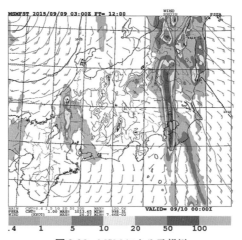

図 3.26 MSM による予報例
平成 27 年 9 月関東・東北豪雨の時の 9 月 9 日 21〜24 時（図 1.7 に対応）に対する，12 時を初期値とする MSM の 12 時間予報による雨量．

表 3.5 気象庁メソモデルで使われている主な観測データ

	種別	要素	長所	短所
直接観測	地上気象観測	気圧	精度の良い連続的な直接観測	地形の影響など代表性の問題がある
	ブイ, 船舶	気圧	観測が疎な海上における直接観測	点数が限られる
	航空機	気温, 風	海上などの空白域でのデータが得られる	飛行高度・飛行経路に限られる
	高層ゾンデ	気圧, 気温, 風, 湿度	精度の良い大気鉛直構造の直接観測	観測地点や頻度が限られる
リモートセンシング	ウインドプロファイラ	風	下層で精度の良い水平風が連続的に得られる	降水域では観測高度が限られる
	レーダー	風(動径風), 反射強度(降水量, 湿度)	面的な連続観測	雨粒のある場所でのみ情報が得られる. 水蒸気は統計的手法で推定
	GPS	水蒸気(可降水量)	水蒸気積算量を連続観測	主に陸上で得られる. 鉛直積算量
	静止気象衛星	風(大気追跡風), 晴天域輝度温度, 台風ボーガス	広い領域を高頻度で連続観測が可能	
	低軌道(主に極軌道)衛星	輝度温度, 風(大気追跡風, 海上風), 降水強度	高解像度観測. 観測頻度は極軌道衛星では一つの衛星で1日2回程度	

多数の線状降水帯が関東から東北にかけて長時間持続したケースである. この豪雨については, MSM は比較的早い時間帯から関東に非常に強い南北に延びる降水域を一貫して予測していた. 図 1.7 の実況に比べ, 降水域の位置がやや南西に表現されているもののモデルは強い降水の出現を良く予測している.

　表 3.5 に示すように MSM ではさまざまな観測データが初期値に取り込まれている. このうち地上気象観測, ブイ, 船舶, 航空機, 高層ゾンデは, センサーにより気圧や気温, 湿度などを直接測定する直接観測で, 比較的昔からあった観測手段であるため, 従来型観測などと呼ばれることもある. 一方, ウインドプロファイラ, レーダー, GPS, 衛星観測は, 電磁波を用いて大気の状態を測定するリモートセンシングで, 近年種別やデータの増加, 利用技術の進展などによりその重要性が増している.

　近年のメソスケールの気象予測を大きく改善したものとして, ドップラーレ

ーダーによる動径風速とGPS（GNSS）による可降水量データがある．ドップラーレーダー動径風は，雨粒から反射されるレーダーの電波のドップラーシフトによりレーダーから雨粒に向かう方向（動径方向）の速度を求めるものである．注意すべきこととして，仰角が大きくなると雨粒の落下速度の成分が動径風成分に含まれることがある．

一方GPSは，全球測位システムの衛星の発する電波の大気による遅延を利用するもので，水蒸気が存在する場合に遅延量が変わることを利用して，衛星と地上受信局間の経路（視線）に沿った水蒸気の積算量に関わる情報を得ることができる．領域数値予報などでは，同時に得られる複数のGPS衛星の視線方向の水蒸気量を，水平一様を仮定することにより鉛直方向にマッピングして，大気中の鉛直積算水蒸気量（可降水量）を得ている．GPSデータのMSMへの同化については3.8.4項で再度触れる．

コラム 7 ◆ 降水の検証

降水の検証にはさまざまなものがあるが，代表的なものとしては，図3.27に示すように，予報あり実況ありを「適中(FO)」，予報あり実況なしを「空振り(FX)」，予報なし実況ありを「見逃し(XO)」とした場合，

$$TS = FO/(FO + FX + XO)$$

で計算するスレットスコア（threat score；TS）がある．通常の適中率$(FX + XX)/(FO + FX + XO + XX)$と異なり予報なし実況なし(XX)については当たりとしてカウントしない．これは，降水のように頻度の少な

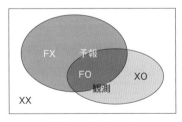

図 3.27 検証スコア
FO：予報あり実況あり（適中），FX：予報あり実況なし（空振り），
XO：予報なし実況あり（見逃し），XX：予報なし実況なし．

い現象について，XXを当たりとカウントすると「なし」を予報しておくほうが，有利になってしまうことが多いためである．スレットスコアは現象の出現率の影響を受けやすく，図3.25でスコアが上がっている月は，降水が多かった場合が多い．この問題をある程度緩和するために，気候学的な確率で「現象あり」が適中した頻度 $S=(FO+XO)(FO+FX)/(FO+FX+XO+XX)$ を除いて求めたエクイタブルスレットスコア $ETS=FO-S/(FO+FX+XO-S)$ が用いられることもある．

バイアススコア（bias score；BS）は実況「現象あり」の事例数に対する予報「現象あり」の事例数の比で，1に近いほど良い予報となる．図3.27の予報では，スレットスコア $TS=0.2$，バイアススコア $BS=1.2$，空振り率 $FAR=0.7$，見逃し率 $MS=0.6$ くらいである．

3.6.2 MSMの予測精度と降水短時間予報の改善

図3.25に示したMSMの予測精度の改善は，降水短時間予報（2.3節）の改善にもつながっている．図3.28の左は，夏季（6〜8月）を対象とする2002年の降水短時間予報の予報時間ごとのスレットスコア（コラム7参照）を持続予報（PER），補外（EX6），モデル（MSM）とともに示したものである．2002年の時点では，持続予報は4時間後までモデルを上回っており，補外は6時間後までモデルを上回っている．補外とモデルを組み合わせた（マージした）降水短時間予報（PMF）は，4時間後以降の補外予報を少し改善している程度で

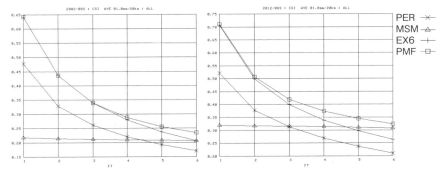

図3.28 気象庁降水短時間予報の予測精度．閾値1mm/hに対するスレットスコア（左）2002年夏季（6〜8月）．（右）2012年夏季．斉藤（2016）より．検証は気象庁予報部予報課による．

ある．右図に示すのは10年後の2012年夏季に対するもので，モデルは3時間後には持続予報と同程度となり5時間で補外を上回っている．またモデルのマージによる補外の改善の度合いも大きくなっている．ここに示したのは1 mm/hの強度の雨についてのものであるが，10 mm/hの強度の雨についてもほぼ同様な傾向が得られている．ただし，10 mm/hの場合，マージは補外を改善しないこともわかっており，強雨予報については課題が残っている．

3.6.3 局地モデル（LFM）

MSMの強雨の予測精度が十分でないことの原因の一つとして，MSMの水平格子間隔が5 kmでありこの解像度では積乱雲を直接表現できないために積雲対流をパラメタリゼーションしているということがある．気象庁では，2012年8月から水平格子間隔2 kmの局地モデル（LFM）の運用を東日本を対象として開始し，2013年5月からは領域を日本全体に拡張している．図3.29にMSMとLFMの計算領域および，表現される地形を示す．LFMでは右下の図にみられるような細かな地形表現が可能になっている．

LFMのもう一つの特徴は，毎時を初期値とする高頻度の運用である．迅速な予報結果の提供など計算時間の制約から，初期値作成は5 km解像度の3次元変分法で行っており，3次元変分法の第一推定値は，3～5時間前を初期時刻とするMSMの予報値を用いている．またアメダスや国内SYNOP（地上実況気

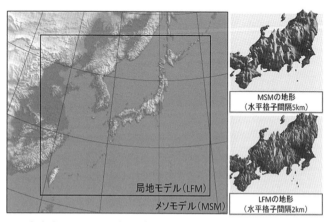

図 3.29 気象庁メソモデル（MSM）と局地モデル（LFM）の計算領域と地形
気象庁ホームページより．[口絵7参照]

象通報式）など地表面の気温，風，湿度の観測データを同化していることも大きな特徴である．LFMのMSMに対比した仕様を表3.6に記す．

LFMでの予報が比較的良かった例として，図3.30に，平成26年8月豪雨での広島市に大きな土石流災害をもたらした2014年8月19日の局地的豪雨につ

表3.6 気象庁領域数値予報の基本仕様

	項目	メソモデル（MSM）	局地モデル（LFM）
基本スペック	領域	日本とその周辺 （約4080 km×約3300 km）	日本周辺 （約3160 km×約2600 km）
	投影法	ランベルト等角投影	同左
	水平解像度	5 km	2 km
	鉛直層数（上端）	48層（地上～21.8 km）	58層（20.2 km）
	鉛直座標	地形に沿ったハイブリッド高度座標 （図3.24）	同左
	初期値	メソ解析（4次元変分法）	局地解析（3次元変分法）
	初期時刻	00, 03, 06, 09, 12, 15, 18, 21 UTC	毎時
	予報時間	39時間	9時間
	側面境界条件	GSM	MSM
	方程式系	非静力学	同左
力学過程	水平空間離散化	格子法	同左
	重力波の扱い	タイムスプリット法	同左
	音波の扱い	水平：タイムスプリット法 鉛直：インプリシット法	同左
	移流計算手法	4次精度フラックス型中央差分法＋フラックス補正	流束制限関数を用いた3次精度および1次精度風上差分法
	湿潤過程	バルク法雲物理過程（雲水，雲氷，雨，雪，あられを予報）（図3.10）	同左
物理過程	積雲対流	Kain-Fritschスキーム	発生に関するパラメタリゼーション
	晴天放射	長波：広域4バンドモデル 短波：22バンドモデル	同左
	放射雲の扱い	乱流モデルに基づいて確率密度関数を考慮して水蒸気量・雲水・雲氷量の和から診断	同左
	乱流過程	MYNN 2.5 クロージャモデル	MYNN 3 クロージャモデル
	接地境界層過程	モニン-オブコフ相似則	同左
	陸面過程	4層の土壌温度を予報	同左

いての予測例を示す．左上に示すのは，8月19日0～3時の3時間降水量で，広島市から北東方向に線状に延びる狭い範囲に非常に強い雨が降った．この時間に対する GSM の予報（右上）では広島付近に 5 mm 以下の弱い降水がみられるものの強い降水は予測されていない（GSM の初期時刻は6時間おきのため，この図は12時間予報であることに注意）．左下に示す MSM の予報では，観測された降水域にほぼ対応する場所に線状の降水域が表現されている．ただし，雨量強度は3時間 20 mm 程度で実況よりも弱くなっている．右下の LFM の予

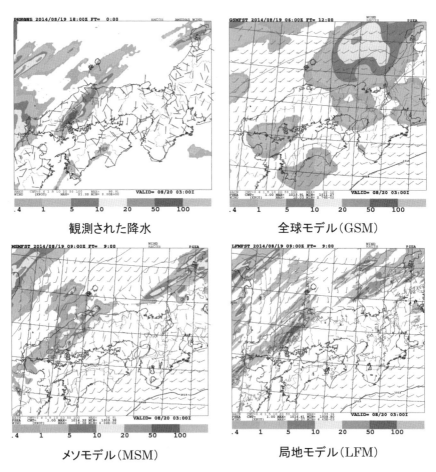

図 3.30 2014年8月19日の広島での局地的豪雨の予報例
8月19日0～3時の降水量．MSM と LFM は9時間前からの予報．GSM は12時間前からの予報．

測は，実況よりもわずかに雨域が北東にずれているものの3時間100 mmを超える非常に強い雨の集中を見事に表現している．このような局地的な雨の集中が現業数値予報で予測できたのは特筆すべき成果といえる．ただし，より後の初期時刻でのLFMの予測はここまで良いわけではなく，数値予報システムに改良の余地が多く残っていることはいうまでもない．LFMについては，気象庁予報部（2013）により詳しい解説がある．

3.6.4 非静力学モデル asuca

図3.30に示したMSMとLFMの予報は数値モデルとして気象庁非静力学モデル（JMA Nonhydrostatic Model；JMA-NHM，以下NHM）を用いたものであるが，気象庁では予報部数値予報課が中心になって近年の計算流体力学の成果なども取り入れた非静力学モデルasucaを開発しており（気象庁予報部，2014b），LFMについては2015年1月からその利用を開始している．

asucaはNHMの資産を受け継ぎながらNHMの後継モデルとしていくつかの新しい取り組みを入れている．具体的には，予報変数を気圧ではなく密度にとってすべての予報方程式をフラックス形式にすること（NHMでは運動量方程式と連続の式のみがフラックス形式）により保存性を高めたこと，時間積分に3段階のルンゲ−クッタ法を取り入れて時間方向の差分精度を高めるとともに，移流の差分に3次風上差分を用いて人為的な数値拡散を排除したこと，などがある．ただし，通常の数値予報計算ではこれらの変更による計算結果の違いは非常に小さい場合がほとんどである．3次元変数配列のインデックスの順序はNHMでは(i,j,k)のように水平方向のインデックスi,jを第1，第2添え字とし，第3添え字kを鉛直方向の層のインデックスに割り当てている．これは内側ループでのベクトル演算を適用するためにも有用であるが，近年増えている高並列のスカラ計算機ではなるべく外側で並列化を適用するほうが望ましいため，asucaでは3次元変数配列のインデックスの順序を(k,i,j)にとっている．asucaは現段階では基本的にNHMの物理過程を継承しているが，LFMでは，2015年の現業化にあたり，従来の2 kmシミュレーションでみられた対流発生の時間的な遅れを緩和するためのトリガーが新たに導入されている．

なお気象庁ではMSMの鉛直層数の増強を計画しており，同時にMSMにもasucaを導入する予定である．

◆◇◆ 3.7 アンサンブル予報 ◆◇◆

3.7.1 アンサンブル予報の必要性

3.3節で述べたように，データ同化の基本は，背景場の誤差情報と観測データの誤差情報に応じた最尤推定であり，真の初期状態は，解析誤差の大きさに応じた確率密度関数のなかに分布している．このため数値モデルの初期値には不可避の解析誤差が含まれ，その誤差は時間の経過とともに増大する．これは，「初期値の小さな差が時間とともに増大する」という大気の運動にある特徴的な性質「カオス（混沌）」的な振る舞いによる．また数値予報モデルそのものにも，解像度や離散化，物理法則の粗視化などに起因するさまざまな誤差がありうる．前述したように境界条件の誤差も予報に影響する．

初期値などの計算条件をわずかに変えた多数の数値予測を実施してばらつきの程度から予報の誤差を見積もるとともに最も起こりやすい現象を予報する手法があり，アンサンブル予報と呼ばれる（図3.31）．

気象予報では，アンサンブル予報は，予報時間が長く予測可能性が低下する週間天気予報や長期予報などの分野でまず実用化された．気象庁では1か月アンサンブル予報が1996年から，週間アンサンブル予報が2001年から始まり，季節予報にもアンサンブル予報が2003年から導入されている．また2005年からは台風アンサンブル予報も始まっている．これらのアンサンブル予報はすべて全球モデルで行われており，週間天気予報でABCのランク分けで示されている予測の信頼度情報や，台風接近時の暴風域に入る確率などの予測に活用さ

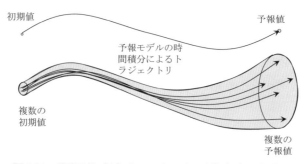

図3.31 単独予報（上）とアンサンブル予報（下）の概念図

れている.

　メソスケール現象の予測時間は，週間天気予報や季節予報などよりずっと短いが，3.8節に述べるようなメソスケール現象に特有の予測の難しさがある．確率予報については現場の予報官や一般向けにはなかなか理解してもらえない場合があり，気象の現場でも，確率予報などは正確な予測ができないことについての言い訳だ，と考えている人もいるようだが，データ同化の本質を理解していれば，そのような立場はとらないはずである．確率表現は本来はあらゆるスケールの予測に必要なものである（ただし，計算資源を，単独予報の精度向上とアンサンブル予報にどのように振り向けるのがよいかは別途考える必要がある）．

3.7.2　アンサンブル予報のメリット

　アンサンブル予報には，以下に述べるような多くのメリットがある．

(1) アンサンブル平均による精度向上

　一つは，多数例予報の平均（アンサンブル平均）は単独予報よりも統計的に精度が向上することである．ランダムな誤差が多数例では打ち消し合うことによるもので，アンサンブル予報のメンバー数を n としたとき，ランダム誤差に起因する平均二乗誤差は，$(n+1)/2n$ になる（付録I）．すなわち，無限大メンバー数のアンサンブル平均の誤差は統計的には，バイアス誤差を別とすると，単独誤差の半分になる．n に5を代入しても0.6となるので，5〜10程度の比較的少数のアンサンブルメンバー数でもこの利得は享受することができる．

(2) 予測の信頼度情報やサイドストーリー

　アンサンブル予報のもう一つの重要なメリットとして，意思決定に重要な予報誤差情報が動的に得られることがあげられる．前節で述べたように，数値予報の精度はめざましく向上してきているが，災害につながるような強雨については，空振りや見逃しがかなりの率で生じることが現状では避けられない．顕著現象がモデルで予報されたとき，その予報がどの程度信頼できるかは現場の予報作業者にとって深刻な問題である．また大気の状態が不安定な総観場においては，モデルに強い降水が予測されていないときでも，最悪の場合どの程度の現象が生じうるか（サイドストーリー）を想定しておくことは防災情報を適切に出すうえで大変重要である．このような問題に直面した場合，どの程度までを想定の範囲内におくかは，単独予報だけでは大変難しい．日々の天気予

では，予報官は経験上，数値予報の誤差の大きさをある程度把握しているが，実際には予測の誤差は予測対象や観測（解析の精度）により日々変化している．アンサンブル予報による予報の信頼度情報はサイドストーリーへの想定に大変有益である．

(3) 確率予報に基づく意思決定

アンサンブル予報で信頼できる確率予報が得られた場合，確率予測情報は，対策をとるかどうかの意思決定に利用できる．最も単純なコストロスモデルでは，現象が起きたときに生じる損害をL，現象の発生確率をP，対策費用Cとするとき，$P>C/L$のときに対策をとればよいことになる．一般に傘を持ち歩く面倒（対策費用）は，傘を持たずに雨に降られた場合の損害よりはずっと小さいので，傘は低い降水確率でも持っているほうがよいことになる．土石流災害などについても，万一それが起きた場合の被害の大きさを考えれば，空振りを厭わずわずかでも発生の可能性がある場合には，避難を心がけるほうがよいことになる．ただし，安全な避難ができない場合は，対策をとるコストが大きくなってしまうため，そうなる前に判断をすることが重要である．

表3.7のようにコストロスモデルは，イベントでの弁当販売のような遺失利益がある場合にも応用できる．雨がなく実施すればBの利益が得られるが，雨が降ってしまうとLの損失が出る，中止した場合はCのコストがかかる，という場合にもコストロスモデルは応用できる．この場合は降水確率Pが

$$P > \frac{C+B}{L+B}$$

となるときに対策をとる（イベントを中止する）と利益の期待値が最大となる．すなわち遺失利益を損害とコストに加えればよい．

このように確率予報は意思決定に大変有用であるが，コストロスモデルを応用するには，アンサンブル予報で得られる確率予測が十分な精度をもっている（信頼できる）ことが必要である．数値予報でそれを実現するためには，十分なメンバー数と初期値の精度，モデルの解像度が必要である．

表3.7 イベントの利益マトリクス

	雨	雨なし
中止	C	C
実施	L	B

(4) 定量的予報誤差のデータ同化への応用

3.3節の説明で，データ同化の基礎は背景誤差と観測誤差に応じた最尤推定であることを述べた．気象庁の現業数値解析に用いられている4次元変分法では，背景誤差として統計的な予報誤差を用いている（具体的には，NMC（National Meteorological Center）法と呼ばれる，同じ予報対象時刻に対する異なる予報時間による予報の精度差）．先に (2) で述べたように，実際には予測の誤差は予測対象や観測（解析の精度）により日々変化している．アンサンブル予報があるとアンサンブル平均からのずれの大きさから実際の場所ごとに変化する予報誤差を定量的に見積もることができる．これを利用したデータ同化手法がアンサンブルカルマンフィルタで，3.8.6項で述べる．

3.7.3 アンサンブル予報の摂動手法

(1) 初期値摂動の手法

アンサンブル予報を行う場合，初期値になんらかの摂動を与える必要がある．確率予報を行う手法としてよく用いられるモンテカルロ法では，乱数に基づくランダムな摂動を用いて多数のシミュレーションを行うが，気象場の自由度は非常に大きいため，モンテカルロ法のような手法は実用的ではない．気象予測のためのアンサンブル予報で現実的に使われる初期値摂動の手法としては，breeding of growing mode 法（BGM 法，あるいは成長モード育成法），singular vector 法（SV 法，あるいは特異ベクトル法）などがある．BGM 法は，図 3.32 のように複数の摂動ランを用意し，成長した予報誤差を規格化してサイクル計算を行い，成長する誤差成分（リアプノフベクトルと呼ばれる）を数値モデル

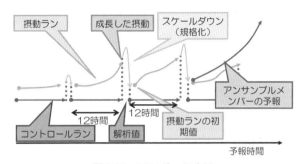

図 3.32 BGM 法の概念図
上向きの矢印は誤差の成長を表す．気象庁予報部数値予報課の好意による．

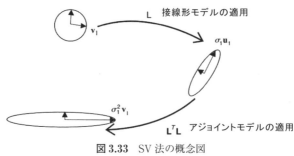

図 3.33 SV 法の概念図
Kalnay (2003) を改変.

の時間積分で抽出し,アンサンブル予報の初期摂動に用いるもので,気象庁の週間天気予報のアンサンブルでは,この手法を 2007 年 11 月まで利用していた.

SV 法は数値モデルの特異値として最も早く成長するモードを求めるもので,4 次元変分法のために開発される接線形モデルとアジョイントモデルを用いて摂動が計算される.図 3.33 に示すように,接線形モデル L の適用により,初期特異ベクトル v_i 方向の成分は L の特異値 σ_i の大きさでストレッチされ,向きは発展特異ベクトルの方向 u_i に変わる.アジョイントモデル L^T を適用することにより,発展特異ベクトルの方向 u_i の各成分は特異値 σ_i の大きさでストレッチされ,向きは初期特異ベクトル v_i の方向に戻る.初期特異ベクトルは正規行列 $L^T L$ の固有ベクトルとして得られ,具体的には接線形モデルとアジョイントモデルの積分によって特異ベクトルが求められる.気象庁は 2007 年 11 月から SV 法を週間天気予報のアンサンブル初期摂動作成に用いている.また 2008 年から台風進路予報にも SV 法を用いたアンサンブル予報を導入している.

近年は後述するアンサンブルカルマンフィルタと組み合わせて,解析誤差共分散行列の固有値展開(アンサンブル変換)によりアンサンブル摂動を作成する手法も行われるようになってきている.この方法は,モデル積分で得られる成長モードを線形結合したものと解釈することができ(図 3.34),英国気象局やカナダ環境省の週間天気予報などで実用化されている.データ同化による解析誤差が反映され,初期値の誤差が大きなところに摂動が入るという特徴があるが,アンサンブルカルマンフィルタで用いられる局所化の影響があるため,摂動の成長は BGM 法や SV 法の場合よりも緩慢になることが報告されている (Saito *et al.*, 2012).

3.7 アンサンブル予報

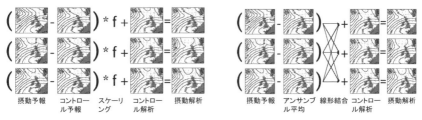

図 3.34 BGM 法（左）とアンサンブル変換（右）
Bowler *et al.* (2008) を改変.

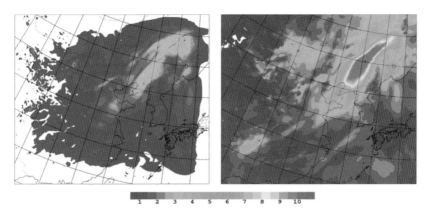

図 3.35 北京 2008 RDP におけるメソアンサンブル予報実験での 850 hPa 高度の南北風のアンサンブルスプレッド（FT = 36）
（左）境界摂動なしの場合.（右）境界摂動ありの場合. FT は予報時間（forecast time）の意味.
Saito *et al.* (2012) より．［口絵 8 参照］

(2) 境界値摂動

領域モデルの予報は，境界条件の影響を強く受けることを 3.4 節で述べた．また，気象擾乱の特性として，誤差が時間とともに成長すると述べたが，メソアンサンブル予報のように領域モデルを用いる計算では，側面境界条件にも摂動を与えないと同一の境界値による影響が領域内部に影響しアンサンブルの広がり（スプレッド）は時間とともにむしろ小さくなってしまう．図 3.35 は北京 2008 RDP（コラム 6）におけるメソアンサンブル予報実験において，ⅰ）初期摂動のみで境界摂動なし，ⅱ）初期摂動と境界摂動ともにあり，の二つの場合について，36 時間予報における 850 hPa 高度の南北風のアンサンブルスプレッドを比べた図である．左に示した境界摂動を入れない予報ではアンサンブルスプレッドは境界近くでほとんど 0 になっており，地上低気圧が存在する中国東

北区でのスプレッドも，境界摂動を入れた場合の右図に比べ1/3以下になっている．ここでは詳しく述べないが，アンサンブルカルマンフィルタなど，アンサンブル予報を用いるデータ同化でも境界摂動の考慮は大変重要で，境界摂動の考慮の有無は，スプレッドの大きさや成長だけではなく，解析精度そのものにも影響を与える（Saito et al., 2012）．下部境界条件としての海面水温や地面温度の摂動の考慮も予報誤差を正しく見積もるために重要である．

(3) モデル摂動

数値モデルの予報の不確定性の要素としてモデルそのものがあるのはいうまでもない．このうち，予報結果を大きく変えるものとして，物理過程がある．モデル摂動の考慮は，予報時間が長くなった場合により重要性が大きくなる．考慮の仕方としては，確率的物理過程強制法と呼ばれる物理過程による時間変化にランダムな摂動を加える方法や，物理過程のパラメータの値をメンバーごとに変えるもの，物理過程に異なるスキームを使うもの，モデルそのものを複数用意してアンサンブルを行うもの（マルチモデルアンサンブル），などがある．物理過程についても自由度は大きいため，不確定性が大きいと考えられる積雲対流や境界層についての扱いがターゲットとなることが多い．

気象庁では，メソアンサンブル予報の部内試験運用を開始している．計算領域や格子間隔は現在のMSMと同じ（日本域とその周辺，5 km）で，メンバー数は10である．初期値摂動手法としては，非静力学メソ4次元変分法に用いられているアジョイントモデルを用いたSV法を採用しており，週間アンサンブル予報の摂動に基づく境界摂動を導入しているほか，確率的物理過程強制法によるモデル不確定の考慮も検討されている．

3.7.4 アンサンブル予報の検証

前節で，降水予報の検証スコアについて述べたが，アンサンブル予報にはいくつか特有の検証がある．アンサンブルの検証スコアについては数値予報課報告・別冊第52号（気象庁予報部，2006）に詳しいが，図3.36ではROC（Relative Operation Characteristics）曲線と呼ばれる検証方法について示す．複数の確率値を閾値として，図3.27のように現象のあり／なしの予報を行った場合の現象の捕捉率(FO/(FO+XO))を縦軸に，誤検出率(FX/(FX+XX))を横軸にとり，各点を結んだ曲線をROC曲線と呼ぶ．ROC曲線は左上に近いほど精度が良いことを示しており，完全予報は適中率が1で空振り率が0となる場合

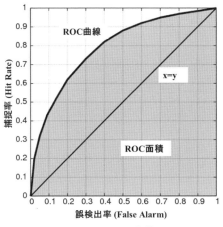

図 3.36　ROC 曲線

で，曲線はグラフの左軸と上軸に対応する．また，気候値予報では，適中率と空振り率が一致し，$y=x$の直線に対応する．ROC 曲線の右下の領域は，確率予報の精度が良いほど大きくなることから，この領域の面積（ROC 面積スキル）を精度評価のスコアとして用いることもある（ROC 面積スキルスコア）．なお，ここで捕捉率と表現したものを hit rate と呼ぶこともあるが，現象の発生をどれだけ補足できたかの量であり，コラム 7 のスレットスコアの説明で用いた適中率とは定義が異なるので注意が必要である．

図 3.37 に実例として，北京 2008 RDP でのメソアンサンブル予報比較実験における各国システムの降水量予測についての ROC 曲線を示す．1 mm/6 h についての検証で，気象研究所のシステムは誤検出が比較的少ないが，捕捉率に関してはカナダのシステムが良い成績を示した．

確率予報の検証としては，ブライアスコア（Brier score）と呼ばれる確率予報の RMSE がある．これは予測確率 p_f と実況頻度に基づく発生確率 p_o の平均二乗誤差

$$BS = \frac{1}{N} \sum_{1}^{N} (p_f - p_o)^2$$

で，完全予報では 0 となる．ブライアスコアは小さいほど良い予報であることを意味するが，頻度の低い現象では，低い確率を予測するほどスコアが良くなってしまう傾向がある．このため，気候値に基づく確率予測を行った場合のブ

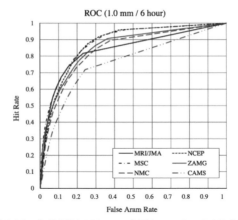

図 3.37 北京 2008 RDP での各国システムの ROC 曲線
MRI/JMA：気象庁気象研究所，NCEP：米国環境予測センター，MSC：カナダ気象局，ZAMG：オーストリア気象地球力学中央研究所，NMC：中国国家気象センター，CAMS：中国気象科学院．閾値は 1 mm/6 h. Kunii *et al.* (2011) より．

ライアスコア BS_{ref} に対する改善率（ブライアスキルスコア）

$$BSS = 1 - \frac{BS}{BS_{ref}}$$

のほうが予測の有用性を表す指標としては有効な場合が多い．

確率予報の信頼度を示すものとして reliability diagram と呼ばれる図が使われることがある．ある期間を対象に，横軸に予報された確率をとり，縦軸に実際に観測された頻度に基づく現象の発生率をプロットするもので，完璧な予報では，$y=x$ の直線に対応する．図 3.38 にアンサンブル予報に基づく確率予測の信頼度曲線の例を示す．2008 年夏季 1 か月の日本域での降水事例を対象に，気象庁メソ解析をコントロールランの初期値に週間アンサンブル予報の摂動を用いて，水平格子間隔 10 km と 2 km の 11 メンバーアンサンブル予報を行った実験についてのもの（Duc *et al.*, 2013）で，1 mm/h の強度の雨に対する確率信頼度曲線を示す．2 km アンサンブルのほうが 10 km アンサンブルよりも信頼度曲線が図の左下から右上の対角線に近く，より良い確率予測になることを示している．確率予報はモデルバイアスの影響を強く受けるので，モデル予測にガイダンスによる修正を加えることによって改善できる余地がある．

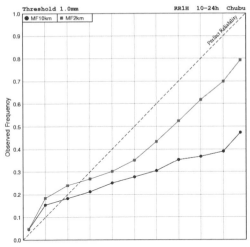

図 3.38 アンサンブル予報に基づく確率予測の信頼度曲線の例
日本域を対象とする水平格子間隔 10 km(下の線)と 2 km(上の線)のメソアンサンブル予報における 1 mm/h の降水強度に対する検証.横軸は確率予報,縦軸は観測頻度.Duc *et al.*(2013)より.

3.7.5 位置ずれの考慮について

アンサンブル予報の検証に限る話ではないが,モデルの検証において位置ずれを考慮することの重要性を述べておく.一般に高解像度予報ではモデルの表現力が向上するが,現象発生の場所については初期値解析の精度の影響などを受けて位置ずれが生じることが少なくない.高解像の予報でメリハリのある予報が出て位置ずれがある場合,予報のはずれ(FX)が増えて検証スコアがかえって悪くなってしまう場合があり,二重罰問題(double penalty problem)と呼ばれる.たとえば,図 3.39 の上図のように検証格子ごとの予報ありと実況での観測ありのデータがある場合,検証格子ごとに厳密にスコアを計算すれば,スレットスコアは 0 になってしまう.一方,図に含まれる格子での現象ありの頻度ではどちらも 6/25 なので,予報は現象発生の頻度をよく表現しているともいえる.図のような領域(テンプレート)をとって,その中に含まれる検証格子について予測と実況の頻度(発生率)をみる検証手法が,ファジー検証(Ebert, 2008)として知られており,ブライアスコアの計算において,ある大きさをもったテンプレートを考え,テンプレート内の平均的な発生確率をモデルがどの程度うまく表現できるかを考える場合の指標として,フラクションス

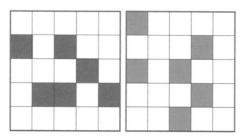

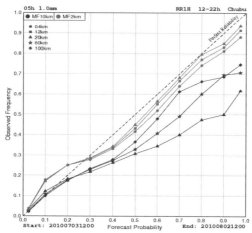

図3.39 位置ずれの考慮
(上) 位置ずれを考慮した検証の例．(左) 予報，(右) 実況．テンプレート内に格子が 5×5 = 25 ある場合．
(下) 位置ずれを考慮した場合のアンサンブル予報の確率予測信頼度曲線の例．図 3.37 に対応する．下の 3 本は水平格子間隔 10 km，上の 3 本は水平格子間隔 2 km のモデル (NHM) を用いた場合．テンプレートサイズを左上に示す．Duc et al. (2013) より．

キルスコア (fractions skill score；FSS) が提案されている (Mittermaier et al., 2010)．FSS は図 3.39 の上図のように検証格子のサイズよりも大きなテンプレート内での事象が観測された格子の割合を p_{obs}，同じテンプレートで事象が予測された格子の割合を p_{fcst} として，次式で表される．

$$\text{FSS} = 1 - \frac{\frac{1}{n}\sum_{1}^{n}(p_{fcst} - p_{obs})^2}{\frac{1}{n}\sum_{1}^{n}(p_{fcst})^2 + \frac{1}{n}\sum_{1}^{n}(p_{obs})^2}$$

位置ずれの考慮はアンサンブル予報でも必要な場合が多い．図3.39下に図3.38で示した1 mm/hの降水についての確率予報の確率予測信頼度曲線に位置ずれを許容した場合を示す．水平格子間隔10 km，2 kmともに信頼度曲線が$x=y$の対角線に近づいており，確率予報の信頼度が向上するのがわかる．

予報のずれは時間方向にも生じる．時間ずれについても位置ずれと同様な扱いでテンプレートを定義しフラクションスキルスコアを定義することができる（Duc et al., 2013）．数値モデルの予測の時空間的なずれは初期値の精度（不確定性）に関係しており，予報に高解像度で表現力の高いモデルを用いても，初期値を作成するときの観測データの空間密度や頻度，データ同化に用いるモデルの解像度（気象庁MSMでは15 km）や同化ウインドウ内での観測データ取り込み時間間隔（タイムスロット：MSMでの4次元変分法では1時間）に依存する時空間的なずれはなくすことができない．

◈◈◆ 3.8 メソスケール気象予測の最前線 ◆◈◈

3.8.1 気象予測，できていることとできないこと，できていないこと

現在の天気予報において，ある程度の精度でできていることとしては，地球を取り巻く大循環の数日先までの予報や，1〜2日先までの天気（府県単位での降水の有無），台風進路予報などがあげられる．一方，気象予測では気象現象のもつカオスの性質から，現象の時間スケールを大幅に超える決定論的予報はできない．このため，2週間以上先の精度の良い天気予報や，半日以上先の個々の積乱雲や竜巻の予測，乱流渦の数値予報などは，将来的にも実現しないと思われる．

他方，週間天気予報や台風強度の予測，災害につながる雨の予測，市町村単位での降水や風，気温，日照，視程，霧の予測等は，現状の精度を改善しうる余地が十分に残っている．これらの予測精度改善は，防災・減災に直結するばかりではなく，航空機や鉄道の安全運航，「でんき予報」に代表される都市の電力需要予測，再生可能エネルギー（水力，風力，太陽光）の供給予測，高精度の移流拡散予測（風だけではなく降水の予測が重要）などに貢献できるという意味で，大きな社会的価値をもっている．いずれも精度とともに，信頼度（予測誤差）の正確な評価が，有効な対策（効率的なリスクマネジメント）につながる．

3.8.2 メソスケール気象予測の難しさ

メソスケール（メソ）現象の予測時間は，週間天気予報や季節予報などよりずっと短いが，現象に応じた予測の難しさがある．メソ現象の予測に特有の難しさとしては以下があげられる．

① 現象の空間的・時間的スケールが小さく，現在の数値予報では積乱雲を直接的な予測の対象にできていない．

② 数値モデルに取り込む観測データが十分でなく，初期値の精度が現象のスケールに対して十分でない（第2章参照）．

③ 不安定な大気状態で発生する現象で，わずかな初期値や計算条件の違いで結果が大きく変わる．

第1章で述べたように，前線などに伴う大規模収束による大雨や地形による強制上昇で起きる大雨については，まだ十分とはいえないが現在の数値予報システムである程度は予測が可能になっている．これは現象の発生場所や時間をある程度特定する強制力があるためである．これに対して，地形や大規模場による強制力が小さい場合の対流性の大雨の予測は，大変難しい．個々の積乱雲について現象の時間スケールを超えた決定論的予測は不可能である．このような本質的な予測可能性の制約にくわえて，解析精度の大きさからくる実質的な予報可能性がある．観測には測器の誤差や代表性からくる不可避の誤差があり，観測誤差程度の違いで結果が大きく変わる場合では，決定論的な予測は難しい．

3.8.3 予測改善の方向性

局地的大雨などの現象の予測の改善に向けた方向性として，前項で述べた三つの予測の難しさに対応して，以下があげられる．

① 雲内の物理を表現できるモデル（雲解像モデル）を用いるとともにその精度を向上させる．

② 高解像度モデルに現象のスケールに応じた高密度の観測データを同化し，実況とモデル初期値の差を縮める．（図 3.40 上）

③ 初期値やモデルの不確定に基づく予報の誤差を定量的に評価し，アンサンブル予報などでその時間発展を求めて確率的な予測によりリードタイム（予測から現象出現までの時間）を延ばす．（図 3.40 下）

3.8 メソスケール気象予測の最前線

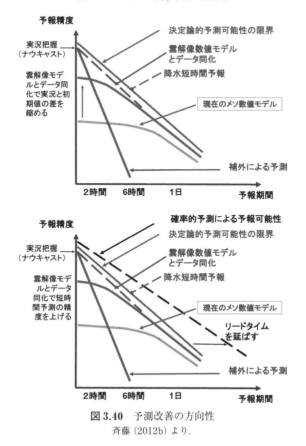

図 3.40 予測改善の方向性
斉藤 (2012b) より.

3.8.4 観測データの高度利用

上述した②に関して，MSM を中心とする現業メソ数値予報にはリモートセンシングデータを中心として表3.5に示したようなさまざまなデータが利用されている．このなかで特に気象研究所での開発が大きく貢献したものとしてはGPS（GNSS）データの利用がある．GPS は global positioning system（全球測位システム）の略で GPS 測位衛星により，カーナビなどで広く用いられている．GNSS は，global navigation satellite system（全球測位衛星システム）の略で，GPS を含むより広範な概念の語である．GNSS の衛星からの電波は大気中を通過するときに大気や水蒸気の影響を受けて電波速度が遅くなり，信号が遅延する．乾燥大気による遅延は気圧で比較的容易に見積もれるが水蒸気によ

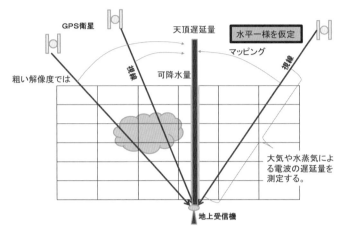

図 3.41 GNSS（GPS）視線遅延量と可降水量
気象研究所川畑拓矢博士の好意による．

る遅延は見積もりが難しく，従来測位の精度に影響するノイズであった．これを逆用してGNSS信号の遅延量から衛星と地上局の間の電波経路（視線）に沿った水蒸気の積算量を推定することができる．可降水量は，視線に沿った複数の衛星による水蒸気積算量を水平一様の仮定のもとに天頂方向にマッピングしたもの（図3.41）で，GNSSによる可降水量観測はゾンデと遜色ない精度をもつことが知られている．

GNSS（GPS）可降水量データ同化による降水予測の改善の例としては，Shoji et al.（2009）による2008年7月28日のケースを対象とする予報実験がある．局地的降水により神戸市内都賀川の親水公園で急な増水による事故が起きたケースである．図3.42左は2008年7月28日15時の前3時間雨量で，国土地理院のGPS地上観測網GEONET（図2.5）による可降水量を同化した場合（右下）では，GPS可降水量を同化しない場合（右上）に比べて山陰〜近畿地方にかけての降水予測が改善している．Shoji et al.（2009）は，GEONETにくわえて，朝鮮半島など国外GNSSの可降水量も同化した場合，日本海上の水蒸気量が増加し降水予測がさらに改善することを報告している．

GNSSデータの利用には，可降水量にマッピングする前の視線方向の遅延量を直接同化する方法もある．この方法では，水平一様の仮定に基づく平均操作が入らないために，さまざまな誤差が入りやすいが，水蒸気の3次元情報を得

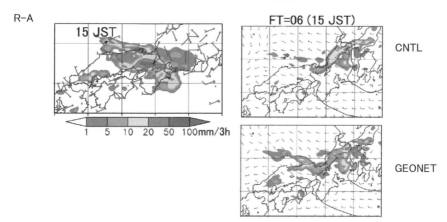

図 3.42 GPS 可降水量の同化実験
(左) 2008 年 7 月 28 日 15 時の前 3 時間雨量．(右上) 7 月 28 日 9 時を初期値とする気象庁非静力学モデル 6 時間予報による同時刻の降水量．通常データのみを使用した場合．(右下) GEONET のデータを同化した場合．Shoji et al. (2009) より．

ることができる．地上局と衛星の間の遅延を求めるのではなく，別の衛星との経路に沿った遅延量を観測する掩蔽(えんぺい)法と呼ばれる手法もある．掩蔽法では，水平分解能は粗いものの水蒸気の鉛直分布に関する情報を得ることができる．Seko et al. (2010) は，地上 GPS による視線遅延量と掩蔽観測による水蒸気情報を組み合わせることで降水予測が改善できることを報告している．

メソスケールの降水情報を改善できる可能性のある測器として，このほか，新しい静止気象衛星ひまわり，二重偏波レーダーやフェーズドアレイレーダーなどの次世代レーダー，ドップラー速度や水蒸気を観測できるライダー，などがある（第 2 章）．数値予報の観点からのこれらの特徴を表 3.8 にまとめる．

3.8.5 雲解像 4 次元データ同化

4 次元変分法を用いた高解像度データ同化研究の例として，Kawabata et al. (2011) による局地豪雨の雲解像データ同化実験について紹介する．この実験では，2005 年 9 月 4 日の深夜に杉並区に 100 mm を超える局地的大雨を降らせたメソ対流系を対象に，図 3.43 に示すような首都圏周辺の観測データを高頻度（GEONET 可降水量を 5 分おき，アメダス地表風と気温を 10 分おき，成田と羽田の空港ドップラーレーダーによる動径風と反射強度を 1 分おき），水平解像度 2 km の非静力学 4 次元変分法で連続同化した．レーダー反射強度の同化

表3.8 メソスケール気象予測に期待される観測の特徴

観測種別	内容	情報	特徴
GNSS観測	可降水量	GNSS衛星からの電波の水蒸気による遅延	精度の良い積算水蒸気量が得られる．2009年から気象庁メソ解析で利用．
	視線遅延量	同上	3次元的な情報をもつ経路に沿った水蒸気の積算量に関する情報が得られる．
ひまわり8号	高解像度・多チャンネル化	可視・赤外輝度	輝度の同化による雲・水蒸気情報の改善．
	高頻度観測	大気追跡風	高頻度の大気追跡風による風の推定．対流雲の発生や移動の検知．
次世代レーダー	二重偏波レーダー	降水粒子による電波の反射を鉛直・水平の2方向で観測	降水の粒径に関する情報から精度の良い降水強度の推定が行える．
	フェーズドアレイレーダー	多仰角の観測を同時に処理	3次元ボリュームスキャンを高速（従来の数十倍）で行える．
ライダー	ドップラーライダー	エアロゾルによるレーザー光の散乱	降水のないところで動径風が得られる．
	水蒸気ライダー	水蒸気によるレーザー光の散乱	境界層内の水蒸気分布に関する情報が得られる．

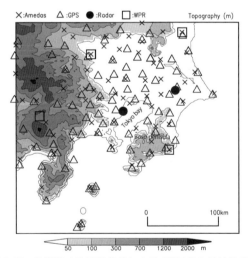

図3.43 雲解像4次元変分法による2005年9月杉並豪雨再現実験で使われたデータ
×：アメダス，△：GPS（GEONET），●：レーダー（成田・羽田），□：ウインドプロファイラ．Kawabata et al. (2011) より．

3.8 メソスケール気象予測の最前線

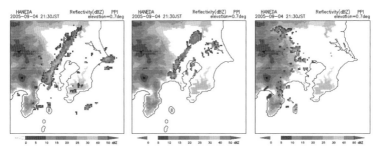

図 3.44 2005年9月4日東京都杉並区で発生した局地的大雨の事例についての雲解像4次元変分法同化実験
（左）9月4日21時30分の羽田レーダーによる反射強度．（中）雲解像4次元変分法解析によるモデルから得られた同時刻の反射強度．（右）データ同化を行わなかった場合のモデル予報．Kawabata et al. (2011) より．

においては，雲物理過程を図3.10のような複雑なものから，水蒸気，雲水，雨水のみの過程を取り扱う「暖かい雨」に単純化してそのアジョイントモデルを作成している．またレーダー反射率と雨水量にZ-qrと呼ばれる線形性の良い比較的単純な関係（雨水量混合比が反射強度のべき乗で表されることを仮定）を用いている．

図3.44は，21時30分の観測されたレーダー反射強度と観測データありなしによる20時30分からの1時間予報である．データ同化なしの場合の予報（右）では，杉並区での局地的大雨に対応する降水域はみられない．データ同化を行った初期値からの予報（中）では，同図左に示す観測された降水（レーダー反射強度）がよく再現されている．図3.45はこの実験で再現されたメソ対流系の鳥瞰図で，南西から北東方向に背の高い積乱雲がライン状に連なっている．

Kawabata et al. (2013) は，2009年8月に沖縄・ガーブ川で発生した増水事故のケースに関して，GPS視線遅延量を雲解像4次元変分法で同化する実験を行い，沖縄本島南西部に発生したライン状の降水域の再現が大きく改善することを示した．またKawabata et al. (2014) は，2010年7月5日に板橋区で発生した局地的大雨の事例について，成田と羽田の空港ドップラーレーダーにくわえ東京都小金井市に設置された情報通信研究機構のドップラーライダーによる動径風を雲解像4次元変分法で1分おきに同化する実験を行っている．図3.46は，17時30分の観測された1時間降水量と観測データありなしによる16時30分からの1時間予報である．データ同化なしの場合の予報（右）では，局地的

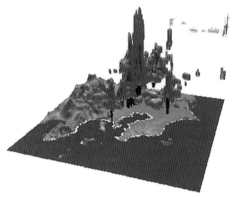

図3.45 Kawabata *et al.* (2011) の雲解像4次元変分法同化実験で再現された2005年9月杉並区での局地的大雨のメソ対流系の鳥瞰図
図はSaito (2012) より引用.

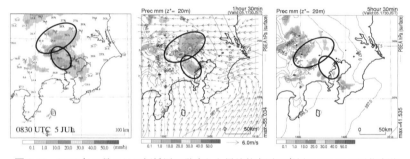

図3.46 2010年7月5日に板橋区で発生した局地的大雨の事例についての同化実験 (左) 観測された17時30分の前1時間雨量. (中) 16時から16時30分のライダーを含む観測データを雲解像4次元変分法により1分おきに同化した解析からの予報. (右) データ同化なしの場合の予報. 楕円は主な降水域. Kawabata *et al.* (2014) より.

大雨に対応する降水域はみられない. データ同化を行った初期値からの予報 (中) では, 同図左に示す観測された降水がよく再現されている. この実験では, ライダーのデータを同化することにより, 積乱雲上流下層の風向がより南寄りに変化し, 対流を強めたことが示されている. 図3.47はこの実験で再現されたメソ対流系の鳥瞰図である. このケースでは, 時間90 mmを超える多くの雨が短時間に降ったにも関わらず, 積乱雲の雲頂はそれほど高くなかったことがレーダー観測でわかっており, この鳥瞰図でもその特徴が表現されている.

3.8 メソスケール気象予測の最前線

図 3.47 雲解像 4 次元変分法同化実験により再現された 2010 年 7 月板橋区での局地的大雨のメソ対流系の鳥瞰図
Kawabata *et al.* (2013) より.

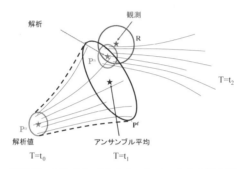

図 3.48 アンサンブルカルマンフィルタの概念図
P^a, P^f, R の楕円はそれぞれ, 解析誤差, 予報誤差, 観測誤差の広がりを, 曲線はアンサンブル予報における各メンバーの予報を表す. 理化学研究所三好建正博士の好意による.

3.8.6 アンサンブルカルマンフィルタ

アンサンブル予報で得られる予測誤差情報をデータ同化に用いる手法として, アンサンブルカルマンフィルタがあり, 新しい同化手法として注目されている. アンサンブルカルマンフィルタは, 予報誤差共分散(変分法の背景誤差共分散 B に相当する, 付録 G 参照)をアンサンブル予報の摂動から得るのが特徴である. 図 3.48 はその概念図で, $T=t_0$ の時刻に解析値の周りに解析誤差 P^a 程度の広がりをもった複数の初期値からのアンサンブル予報を $T=t_1$ の時刻まで実行すると, それぞれのメンバーの予報がアンサンブル平均の周りに予報誤差 P^f の広がりをもってばらつく. この時刻の観測値と観測誤差 R の情報から, $T=t_1$ の時刻における解析と解析誤差 P^a が得られ, 次のアンサンブル予報が実行されることを示している. 線形, ガウス分布の誤差統計, という仮定の下で,

第一推定値の予報を観測で修正する，すなわち

$$x = x^b + K(y - Hx^b)$$

の場合の重み K（カルマンゲイン）を，解析誤差の分散を最小にするように求める．アンサンブルカルマンフィルタの4次元変分法に対する利点としては，アジョイントモデルの開発が不要であること，解析誤差が陽に表現されること，アンサンブル予報に必要な初期摂動が同化サイクルの中で自然に得られること，等があげられる．アンサンブルカルマンフィルタについての詳しい解説は，三好（2008）などを参照されたい．

気象研究所でのアンサンブルカルマンフィルタ（局所アンサンブル変換カルマンフィルタ；LETKF）を用いた局地豪雨の同化実験の例としては，Seko et al.（2011）がある．2008年7月の神戸市都賀川での増水事故の事例を対象にしたもので，このケースでは図3.49の左に示すように神戸市付近の狭い範囲で東西に延びるライン状に強い雨が観測された．水平解像度20kmの非静力学モデルへのGPS可降水量の同化実験を行い，表現の良かったメンバーを5kmのモデルでダウンスケールすることにより，中図のように実況に近い位置に東西に延びるバンド状降水域が表現され，さらに1.6km解像度のモデルでダウンスケールすることにより，実際の観測時刻よりも90分ほど早いものの，東西に延びるライン状の強い降水域が再現された．

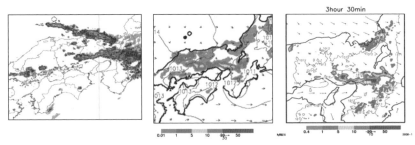

14JST：観測　　　　12JST：5km　　　　1.6km ダウンスケール

図3.49　2008年7月28日神戸市での局地的大雨に対するLETKFによるGPS可降水量同化実験．（左）7月28日14時の前1時間雨量．（中）データ同化を行った解析からの5km NHMによる予報．12時の前1時間雨量．（右）格子間隔を1.6kmにしたダウンスケール実験．Seko et al.（2011）より．

コラム8 ◆ 東南アジア気象災害軽減国際共同研究とサイクロン「ナルギス」の高潮実験

近年，地球規模の気候変動や経済活動高度化に伴う社会の脆弱化によって，東南アジア域においても，熱帯低気圧やスコールラインなどに伴う暴風雨災害が増加しつつあり，社会的経済的に影響の大きい気象災害の予測・低減が急務となっている．気象研究所では，京都大学と連携して，2007年度から科学技術振興調整費研究「東南アジア地域の気象災害軽減国際共同研究」を実施し，数値モデルに基づく予測による気象災害軽減のための国際共同研究を推進した．気象研究所は，国内参画機関として京都大学と連携して「実用モデル開発・応用実験」を担当した．この課題では，

①メソモデルの精緻化と検証予報実験
②メソモデル国際共同研究のための環境整備
③メソモデル用データ同化システムを用いた熱帯域同化実験

の三つのサブ課題を実施した．これらの詳細は気象研究所技術報告 (Saito et al., 2011b) にまとめられている．

この研究の一環として行われたものに，2008年5月にミャンマーを襲ったサイクロン「ナルギス」の予報実験がある．ナルギスは，ミャンマーの首都ヤンゴンをはじめとする同国南部に死者10万人以上の同国としては未曾有の被害をもたらした．被害が大きくなった原因の一つとして，ベンガル湾で発生するサイクロンは通常北進するのに対して，ナルギスは東進して強い勢力のままミャンマー南部に上陸し，高潮をもたらしたことがある．図3.50は，Terra衛星搭載の合成開口レーダー(SAR-X)による高潮被害域で，エーヤワディー（イラワディ）川やヤンゴン川のように南に開けた河口付近で特に被害が大きくなった．

高潮シミュレーションでは，まず気象庁全球解析を初期値とし，GSMの予報を境界値とする水平格子間隔10kmのNHM（10km NHM）によって，ナルギスの移動と発達が，上陸の2日前にある程度予測可能であったことを示すとともに，プリンストン海洋モデル（POM）を用いた高潮の予報実験を行った (Kuroda et al., 2010)．図3.51 (a) は10km NHM

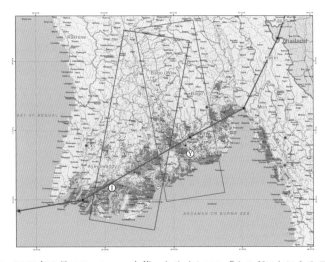

図 3.50 2008 年 5 月にミャンマーを襲ったサイクロン「ナルギス」による Terra 衛星の合成開口レーダー(SAR-X) による高潮被害域（図のシェード域）ヤンゴン川河口を Y で，エーヤワディー（イラワディ）川河口を I で示す．Kuroda et al.(2010) より．

の予報値を入力としたPOMによる 2008 年 5 月 2 日 00 UTC（FT = 36）での海面水位の偏差で，＋印はサイクロン中心位置を示す．(b) は拡大図に海面気圧と地表風を重ねたものである．この時刻ではサイクロン中心付近の気圧低下による海面水位の上昇とサイクロンに伴う南風の吹き寄せによる水位上昇は別のところに現れており，大きさとしては後者のほうが大きいのがわかる．実際，この実験でのナルギスの中心気圧は 974 hPa なので，それによる水位の上昇は 40 cm 程度である．(c) はこの高潮シミュレーションを入力とした降雨流出氾濫モデルによる浸水域の分布（佐山ほか，2011）である．氾濫予測計算においては，POM 高潮の分布をそのまま使わず，かつ水位についても補正操作を行ったものであるが，観測された浸水域と良い対応を示している．

このケースについては，10 km NHM によるアンサンブル予報が Saito et al.(2012) により行われている．図 3.52 はアンサンブル予報に基づくエーヤワディー川河口付近での海面水位の変化の時系列を箱ひげ図で表したもので，上下に延びるひげはアンサンブル予報（25 メンバー）による最大値と最小値，グレーのボックスは 25% から 75% のメンバーの値，

3.8 メソスケール気象予測の最前線　　　　　107

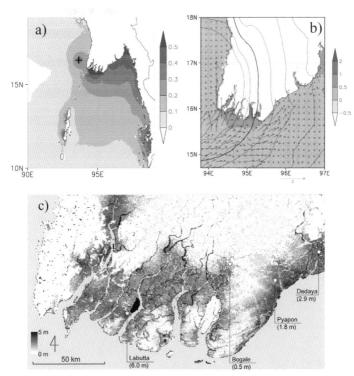

図 3.51　高潮の予報実験
a) 10 km NHM の予報値を入力とした POM による 2008 年 5 月 2 日 00 UTC (FT =36) での海面水位偏差．＋印はサイクロン中心位置．b) 上記の拡大図に海面気圧と地表風を重ねたもの．Kuroda et al. (2010) より．c) NHM 高潮シミュレーションを入力とした降雨流出氾濫モデルによる浸水域．佐山ほか (2011) より．

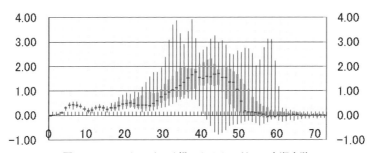

図 3.52　アンサンブル予報によるナルギスの高潮実験
エーヤワディー川河口における水位の時系列．横軸は初期時刻 (4 月 28 日 12 UTC) からの予報時間 (h)．縦軸は水位 (m)．Saito et al. (2010b) より．

ボックス中央付近の横線は中央値を表す．4m 近い高潮が発生する可能性が示唆されており，このような情報が早い段階で得られそれに基づく事前避難が行えていれば，人的被害は大きく軽減できていたと思われる．

さらに精度を上げた実験として，アンサンブルカルマンフィルタを用いたナルギスの同化予報実験と高潮予測実験が，後述する HPCI 戦略プログラムで行われている（Duc *et al.*, 2015）．

コラム 9 ◆ メソスケール気象予測と放射能拡散予測

　国際連合（国連）において，WMO は，ILO（国際労働機関），ICAO（国際民間航空機関），UNESCO（国連教育科学文化機関）などとともに 15 の専門機関（国連との間で連携協定を締結している国際組織）の一つとして位置づけられている（図 3.53）．UNEP（国連環境計画）の一部として活動している委員会に UNSCEAR（原子放射線の影響に関する国連科学委員会）がある．2011 年 3 月 11 日の東北地方太平洋沖地震に関連して発生した東京電力福島第一原子力発電所の原子力事故を受けて，UNSCEAR は，事故に関する放射線被曝のレベルと影響に関する評価報告書の作成について WMO に協力を求めた．これを受けて WMO は「福

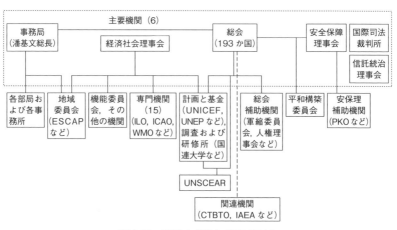

図 3.53　国連の組織と UNSCEAR
斉藤ほか（2014）より．

島第一原発事故に関する気象解析についての技術タスクチーム」を2011年11月に設置し，気象庁は事故当事国の国家気象機関としてWMOタスクチーム活動に中心的に協力した（斉藤ほか，2014）．

タスクチームでは，気象解析場の評価のための水平格子間隔5kmの領域大気輸送拡散沈着モデル（Atmospheric Transport Diffusion and Deposition Model；ATDM）実験を行い，UNSCEARに気象解析場として気象庁メソ解析と解析雨量を提供するとともにタスクチームとしての最終報告書を2013年2月に作成した．この領域モデル実験では，2011年3月11日～3月31日を対象として，原子力開発研究機構などによる放射性物質の放出推定を基にして，メンバー国のATDMを用いた放射性物質の大気濃度と沈着の計算を行った．日本は，気象庁がオキシダント予測や降灰予報の業務において用いているMSMの予報値を入力する移流拡散モデルをベースに放射性物質の扱いを追加して改変したモデル（RATM）を開発し，計算を行った．気象庁のこれらについての詳細は，気象研究所技術報告（Saito $et\ al.$, 2015）に報告されている．図3.54に日本学術会議により行われた放射性物質の輸送沈着モデル計算の比較[2]に提出された気象庁RATM計算によるセシウム-137の積算沈着量を示す．福島原発（☆印）から北西に延びる高濃度の沈着域がおおむねよく

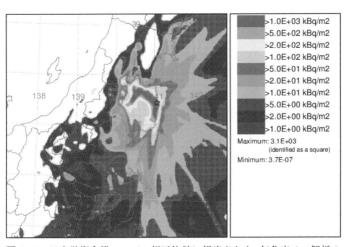

図3.54　日本学術会議のモデル相互比較に提出された，気象庁メソ解析の雨量を用いたRATM計算によるセシウム-137の積算沈着量 2011年3月11日～3月31日．Saito $et\ al.$ (2015) より．［口絵9参照］

表現されている．

なお，日本気象学会は，2014年12月に「原子力関連施設の事故に伴う放射性物質の大気拡散監視・予測技術の強化に関する提言」を取りまとめ，緊急時には数値モデル予測値を有効活用すべき，モニタリング実測値と数値モデル予測値を組み合わせた最先端の監視・予測技術を開発・整備すべき，放射性物質の監視・予測システムの日常的な運用・情報発信と住民への啓発活動を行うべき，という三つの提言を行っている[3]．

3.9 スーパーコンピュータと極端気象

3.9.1 HPCI戦略プログラム

神戸に設置されたスーパーコンピュータ「京」を先端研究に用いるための文部科学省のHPCI戦略プログラムが2011年度から2015年度まで行われた（HPCIはHigh Performance Computing Infrastructureの略）．社会的・学術的に大きなブレークスルーが期待できる分野として表3.9に示す五つの分野が定められ，このうち分野3「防災・減災に資する地球変動予測」では，気象・気候・地震・津波などによる自然災害に関するシミュレーションが行われた．戦略分野3の研究開発課題の一つに「超高精度メソスケール気象予測の実証」(Saito et al., 2013a)がある．海洋研究開発機構と気象研究所が中心となり，国内の大学や研究機関が参加して，三つの目標（領域雲解像4次元データ同化技術の開発，領域雲解像アンサンブル解析予報システムの開発と検証，高精度領域大気モデルの開発とそれを用いた基礎研究）に沿った研究が行われている．図3.55にこれらの目標の位置づけを示す．この課題は，分野3の気象・気候に関するもう一つの研究開発課題「地球規模の気候・環境変動予測に関する研究」とも情報交換を行っている．

この課題の概要やこれまでの主な成果は，分野3のウェブページ[5]で閲覧することができる．ここではそのうちの五つについて紹介する．

(1) 2012年のつくば竜巻

2012年5月6日，日本では最強クラスの藤田スケールF3に相当する竜巻が茨城県で発生し，つくば市北部を中心に死者を含む大きな被害が出た．この日

3.9 スーパーコンピュータと極端気象　　　　　　　　　111

表 3.9 HPCI 戦略プログラムの 5 分野

	戦略分野	戦略機関
分野 1	予測する生命科学・医療および創薬基盤 ゲノム・タンパク質から細胞・臓器・全身にわたる生命現象を統合的に理解することにより，疾病メカニズムの解明と予測を行う．医療や創薬プロセスの高度化への寄与も期待される．	理化学研究所
分野 2	新物質・エネルギー創成 物質を原子・電子レベルから総合的に理解することにより，新機能性分子や電子デバイス，さらには各種電池やバイオマスなどの新規エネルギーの開発を目指す．	東大物性研（代表） 分子研 東北大金材研
分野 3	防災・減災に資する地球変動予測 高精度の気候変動シミュレーションにより地球温暖化に伴う影響予測や集中豪雨の予測を行う．また，地震・津波について，これらが建造物に与える被害をも考慮した予測を行う．	海洋研究開発機構
分野 4	次世代ものづくり 先端的要素技術の創成～組み合わせ最適化～丸ごとあるがまま性能評価・寿命予測というプロセス全体を，シミュレーション主導でシームレスに行う，新しいものづくりプロセスの開発を行う．	東大生産研（代表） 宇宙航空研究開発機構 日本原子力研究開発機構
分野 5	物質と宇宙の起源と構造 物質の究極的微細構造から星・銀河の誕生と進化の全プロセスの解明まで，極微の素粒子から宇宙全体にいたる基礎科学を融合し，物質と宇宙の起源と構造を統合的に理解する．	筑波大（代表） 高エネ研 国立天文台

文部科学省のウェブサイト[4] より．

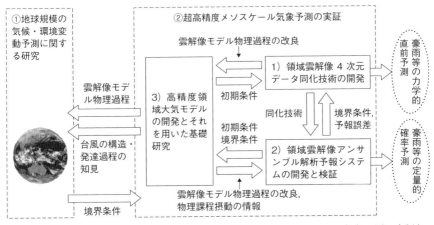

図 3.55 HPCI 戦略プログラムの研究開発課題「超高精度メソスケール気象予測の実証」
斉藤 (2012a) を改変．

は,茨城県筑西市や栃木県真岡市など北関東の別の場所でもF1~F2の別の竜巻が生じたことが報じられている.この事例について,LETKFの双方向ネスティングシステム(Seko et al., 2013)を開発して,数値モデルの初期値を変え,アンサンブル予報により竜巻を予測する試みを行った.水平格子間隔1.875kmのLETKFにより得られた初期値から,水平格子間隔350mの数値モデルを用いてダウンスケールしてアンサンブル予報を行った結果,竜巻をもたらしたメソ対流系が再現され,いくつかのメンバーは0.1 (1/s) という大変強い鉛直渦度をもつ低気圧性循環を伴っていた(Seko et al., 2015).強い渦の発生が予測された場所は三つの箇所にみられ(図3.56右上),その場所も10km程度の位置ずれはあるものの観測(図3.56左上)とおおむね対応していた.モデルの水

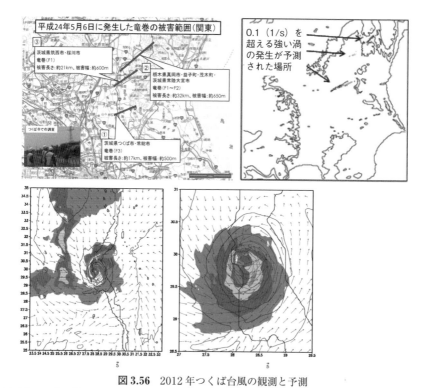

図 3.56 2012年つくば台風の観測と予測
(左上) 2012年5月6日に発生した竜巻の被害範囲.気象庁報道発表資料より.(右上) 京コンピュータによる水平格子間隔350mのシミュレーションで0.1 (1/s) を超える強い渦度が予測された場所.(左下) 50mダウンスケール実験による高度20mの雨水量.(右下) 水平風分布の拡大図.戦略プログラム分野3ウェブページ[5] より.

平格子間隔を50mにまで上げた超高解像度実験（図3.56下段）では，竜巻といって差し支えない50m/sを超える強風もモデルで表現された（図3.56右下）．将来的な場所を特定した竜巻の確率的予測につながる成果といえる．

(2) 九州北部豪雨

平成24年7月九州北部豪雨は，第1章で述べたように2012年7月11日から7月14日にかけて九州で発生した大雨で，熊本県，大分県，福岡県などで洪水や土砂による大きな災害が発生した．図3.57の左列は，図1.6に対応する7月12日6時から9時の3時間における当時の現業メソ解析を初期値として実行した水平格子間隔5kmのNHM（ほぼMSMに相当）による予報で，東西に延びるバンド状の強い降水域がおおむね表現されているものの，位置が実況よ

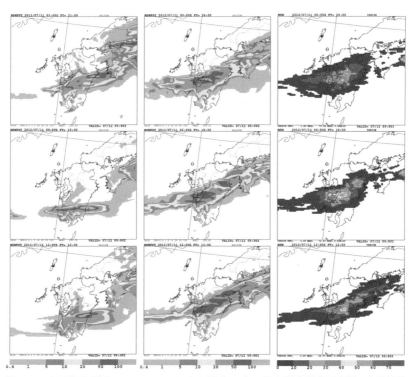

図3.57 水平格子間隔5kmのNHMによる平成24年7月九州北部豪雨予測の実験結果
図1.6に対応する7月12日6時から9時の3時間における雨量．（左列）当時の現業メソ解析からの予報による雨量．（中列）本研究による雨量予測．（右列）アンサンブル予報に基づく50mm以上の降水確率分布．予報時間は上段からそれぞれ24時間前，18時間前，12時間前．Kunii (2014) より．

りも南にずれて予測されている．図の中列は，50メンバーのLETKFの連続同化サイクルで得られた半日～1日前の初期値からの計算による予測実験の結果で，熊本県から大分県にかけての大雨の予測が大きく改善されている．図の右列は，アンサンブル予報に基づくこの時間に50mm以上の降水が生じる確率分布の図で，24時間前からの計算で40％，18時間前からで50％以上の確率で大雨が予測されている．

このような場所や強度を特定した確率的な大雨予測や最大雨量に関する予測が半日～1日前にできれば，事前に防災対策をとるために大変有用な情報になると期待される．

(3) ビル解像LESモデルによる海風前線

高解像度のLESモデルやビルを解像するモデルによる局地的な風のシミュレーションはこれまでも行われているが，この研究では，仙台市に設置したドップラーライダーの動径風データをLETKFで同化するとともに，それにネストしたビルを解像するLESモデル（DS3）で，実際に観測された海風前線の詳細構造を超高解像度で再現した（Chen *et al.*, 2015a, 2015b）．この技術では，個々のビルを解像することにより高層ビルが立ち並ぶ大都市での風の予測を改善することも期待できる．図3.58は，海風がある典型的な状況での別事例における仙台駅周辺の気温分布の予測について，解像度を3mにしてビルを解像するモデルで計算を行った例である．

(4) 高解像度大気海洋結合モデルによる台風強度の予測

台風の通過に伴って海洋の内部はかきまぜられ，海面の水温が変化することが知られているが，この効果を考慮するためには大気の状態と海洋の状態を両方同時に予測する大気海洋結合システムが必要である．Ito *et al.*（2015）は台

図3.58 DS3によりシミュレートされた海風侵入時（2007年6月19日13時）の仙台駅周辺の気温の分布
戦略プログラム分野3ウェブページ[5]より．

風強度の予測精度向上を目指し，NHMに海洋内部の混合を考慮できる海洋モデルを結合した高解像度大気海洋結合モデルを開発して，2009年4月から2012年9月に日本近傍を通過したすべての台風を対象とする合計281回に及ぶ高解像度大気海洋結合シミュレーションを行い，台風の強度予測で大きな精度向上が見込めることを示した．中心気圧に関しては，2日予報で約20～30%，3日予報で約30～40%誤差が小さくなることが，本シリーズ第2巻『台風の正体』（筆保ほか，2014）の図8.14に示されている．

(5) 豪雨事例の超高解像度数値予報実験

2013年10月の伊豆大島や2014年8月の広島での豪雨は土石流の発生を伴う甚大な気象災害となった．この二つの事例は，総観場や豪雨の空間スケールなどに大きな違いがあり，前者は台風接近に伴う前線付近の降水帯，後者は明瞭な総観スケールの擾乱を伴わないバックビルディング形成による線状降水帯であった．これらの豪雨を数値予報で予測するために必要なモデルの解像度や領域などに着目した超高解像度数値予報実験が行われている．

図3.59は，2013年10月に伊豆大島で土石流災害を発生させた台風第26号に伴う雨の予報結果（Oizumi et al., 2016）の例である．左図に示す観測データでは，島全体で150mm以上の雨が観測され，特に島の北半分では200mm以上の雨が降った．中図の水平格子間隔2kmの実験では，降水帯の位置が，伊豆半島側（北西側）にずれていたが，右図の水平格子間隔250mの実験では，島のほぼ全域で100mm以上の雨が降り，島の北部に150mm以上の雨域が現

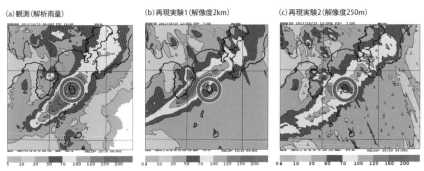

図3.59 2013年10月の伊豆大島での豪雨における観測データとNHMを用いた再現実験結果の比較

2013年10月16日午前1～4時の3時間雨量．（左）解析雨量．（中）水平格子間隔2kmの場合，（右）水平格子間隔250mの場合．○印は伊豆大島の位置を示す．Oizumi et al. (2016) より．

れ，最も再現性が良かった．降水帯の位置に関してはモデルの境界層の物理過程が強く影響していること，島内の降水量の分布の表現にはモデルの解像度を上げて島の地形を現実に近づけることが重要であることなどもわかっている．

図3.60は，第1章でも述べた2014年8月に広島で土石流災害を発生させた豪雨の予報結果（大泉ほか，2015）である．このケースでも水平格子間隔2kmの実験に比べ，250mの実験では降水の位置や強度が大きく改善している．降雨をもたらした降水帯の位置に着目すると，観測（左図）では降水帯が広島市内の中心部から北東にかけて現れており，広島市中心から北東に位置する被災地付近で強い雨が生じている．水平格子間隔2kmの実験（中図）では強い雨域は観測よりもやや北東にずれて表現されたが，水平格子間隔を250mにした実験（右図）では観測と同様に，広島市中心部から北東にかけて強い雨域が再現された．ただし，解像度の違いが予測の違いをもたらすメカニズムは，伊豆

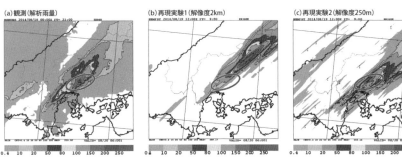

図3.60 2014年8月の広島での豪雨における観測データとNHMを用いた再現実験結果の比較 前日21時のメソ解析を初期値とする2014年8月20日午前0〜6時の6時間雨量．（左）解析雨量，（中）水平格子間隔2kmの場合，（右）水平格子間隔250mの場合．図中の楕円は，災害が起きた場所に対応する．大泉ほか（2015）より．

図3.61 水平格子間隔500mの計算結果を基に可視化した広島での豪雨の場合のバックビルディング形成の鳥瞰図

斉藤・大泉（2015）より．

大島での豪雨のケースとは異なっており，この豪雨については，より小さなスケールの対流雲の表現が重要であることが示唆されている．

図3.61には，格子間隔500mの計算結果を基に可視化した広島での豪雨の場合のバックビルディング形成の鳥瞰図を示す．

コラム10 ◆ 極端気象予測プロジェクト（TOMACS）

コラム5で言及したTOMACS (Tokyo Metropolitan Area Convection Study for Extreme Weather Resilient Cities) は，日本の首都圏をフィールドとした国際共同研究で，日本の提案が初めてWWRPのRDPとして認証されたものである．科学技術戦略推進費で実施された日本国内の研究プロジェクト「気候変動に伴う極端気象に強い都市創り」で集積された首都圏稠密観測データを活用することを目的とするプロジェクトである．「気候変動に伴う極端気象に強い都市創り」は，①都市における極端気象のメカニズムを解明する，②極端気象の予測技術を向上させる，③社会実験を通じて高解像度気象データの流通を図ることを目的として，2010～2014年度に実施された．その成果は，気象研究ノート特集号（三隅編，2016）に刊行される予定である．RDPとしてのTOMACSは，2013年7月にWWRPの科学運営委員会に提案書 (Nakatani et al., 2013) が提出され，日本，米国，カナダ，ドイツ，ブラジル，フランス，韓国の7か国の参加のもと，2016年末まで実施されている．図3.62に首都圏稠密観測の概念図を示す．

第1章で述べた2011年8月26日に首都圏で発生した局地的大雨はTOMACSで観測された局地的大雨の典型的なケースで，竜巻の発生は確認されていないが，ドップラーレーダーの解析で低気圧性の渦の発生が確認されており，また積乱雲の底と思われる雲が低気圧性に回転する様相がYouTubeなどの動画投稿サイトにアップされている．TOMACSで展開した高密度地上気象観測網で連続観測が行われており，Saito et al. (2013b) がドップラーレーダー解析に基づいて二つのメソサイクロンがマージしたことを示し，その前後における高密度地表観測での気圧や風の変化を報告している．

118   3. 数値モデルによる気象予測

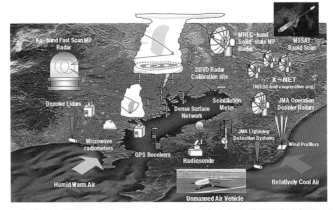

図 3.62 極端気象予測プロジェクト TOMACS で行われた首都圏稠密観測の概念図 Nakatani et al. (2013) より.

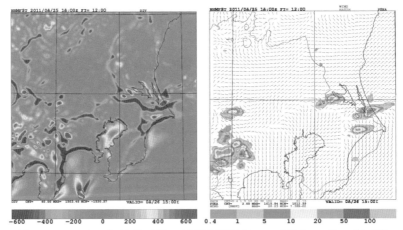

図 3.63 2011年8月26日15時の水平格子間隔2kmのNHMアンサンブル実験 (左) あるメンバーの下層 (1000 hPa) の水平発散. (右) 前1時間降水量.

この例については, 水平格子間隔2kmのNHMによるアンサンブル予報実験を斉藤ほか (2016) が行っている. 図3.63に8月26日15時のあるアンサンブルメンバーの下層 (1000 hPa) の水平発散 (左) と前1時間降水量 (右) を示す. 図1.9で示した海風前線に伴う地表風の収束がよく再現されている.

3.9.2 ポスト「京」重点課題

HPCI戦略プログラムの後継の意味合いをもつ文部科学省の補助金研究に「ポスト「京」重点課題」がある．理化学研究所が中心となって「計算科学ロードマップ」が2014年にまとめられており，気象災害についての節もある（斉藤・河宮，2014）．これを受けた「ポスト「京」で重点的に取り組むべき社会的・科学的課題に関するアプリケーション開発・研究開発」として，以下の九つの重点課題が決定している．

①生体分子システムの機能制御による革新的創薬基盤の構築
②個別化・予防医療を支援する統合計算生命科学
③地震・津波による複合災害の統合的予測システムの構築
④観測ビッグデータを活用した気象と地球環境の予測の高度化
⑤エネルギーの高効率な創出，変換・貯蔵，利用の新規基盤技術の開発
⑥革新的クリーンエネルギーシステムの実用化
⑦次世代の産業を支える新機能デバイス・高性能材料の創成
⑧近未来型ものづくりを先導する革新的設計・製造プロセスの開発
⑨宇宙の基本法則と進化の解明

気象防災は重点課題④に位置づけられており，海洋研究開発機構，気象研究所，東京大学大気海洋研究所などが中心となって，以下の三つのサブ課題を実施する．

A 革新的な数値天気予報と被害レベル推定に基づく高度な気象防災
B シームレス気象・気候変動予測
C 総合的な地球環境の監視と予測

2020年に稼働開始を目指すエクサスケールコンピュータの活用を目的とした研究が2016年度から本格化している．メソスケール気象予測に関連の深いサブ課題Aでは，海洋研究開発機構，気象研究所，理化学研究所，東京大学大気海洋研究所，東京工業大学，京都大学，東北大学などが中心となって，先端的データ同化手法の開発と観測ビッグデータの活用，高精度領域数値天気予報と気象防災への応用，超高解像度数値予測モデルの開発と顕著現象の機構研究，気象データマイニング局地的突風解析システムによる被害レベル推定の四つの目標に沿った研究が行われる．

サブ課題Aでのデータ同化，アンサンブル手法，モデルの高度化の関係の概念図を図3.64に示す．

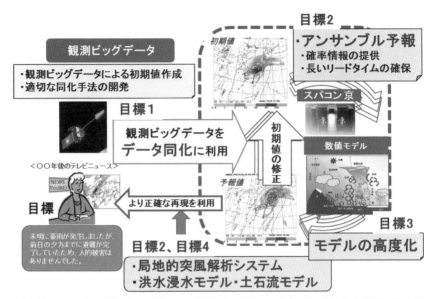

図 3.64 「ポスト「京」重点課題」④「観測ビッグデータを活用した気象と地球環境の予測の高度化」サブ課題 A「革新的な数値天気予報と被害レベル推定に基づく高度な気象防災」におけるデータ同化,アンサンブル手法,モデルの高度化の関係 ポスト「京」重点課題 4 ウェブページ[6]より.

◆◆ 注 ◆◆

1) 月や太陽の潮汐力に基づく大気中の潮汐を天文潮といい,気圧では振幅 0.1 hPa 程度である.大気中には 1 桁大きい振幅 1 hPa 程度の熱潮汐が存在し,太陽放射による加熱に対する大気の重力波的応答によって生じる.日本付近では通常午前 9 時ごろ気圧が最も高くなる.
2) 日本学術会議総合工学委員会原子力事故対応分科会.報告 東京電力福島第一原子力発電所事故によって環境中に放出された放射性物質の輸送沈着過程に関するモデル計算結果の比較.http://www.jpgu.org/scj/report/20140902scj_report_j.pdf
3) 日本気象学会.原子力関連施設の事故に伴う放射性物質の大気拡散監視・予測技術の強化に関する提言.http://www.metsoc.jp/2014/12/17/2467
4) 文部科学省.革新的ハイパフォーマンス・コンピューティング・インフラ (HPCI) の構築について.http://www.mext.go.jp/a_menu/kaihatu/jouhou/hpci/1307375.htm
5) 海洋研究開発機構.HPCI 戦略プログラム分野 3 研究開発課題 超高精度メ

ソスケール気象予測の実証. http://www.jamstec.go.jp/hpci-sp/strategy/mswp.html
6) 海洋研究開発機構. ポスト「京」重点課題 4 観測ビッグデータを活用した気象と地球環境の予測の高度化. http://www.jamstec.go.jp/pi4/index.html

付　　録

◆◇◆ A　大気の基礎方程式系 ◆◇◆

A.1　運動方程式

水平方向にxとy，鉛直上向きにzを考えるとき，3方向の運動方程式は

$$\frac{du}{dt} = -\frac{1}{\rho}\frac{\partial p}{\partial x} + \mathrm{DIF}.u \tag{A.1}$$

$$\frac{dv}{dt} = -\frac{1}{\rho}\frac{\partial p}{\partial y} + \mathrm{DIF}.v \tag{A.2}$$

$$\frac{dw}{dt} = -\frac{1}{\rho}\frac{\partial p}{\partial z} - g + \mathrm{DIF}.w \tag{A.3}$$

で表される．ここでu, v, wはx, y, z方向の風速で第1項は風速の加速度になっている．ρは密度，pは気圧で，第2項が単位質量あたりの気圧傾度力になっている．gは重力加速度，DIF.は拡散の項を表す．地球上ではコリオリ力が加わり

$$\frac{du}{dt} = -\frac{1}{\rho}\frac{\partial p}{\partial x} + fv - f'w + \mathrm{DIF}.u \tag{A.1$'$}$$

$$\frac{dv}{dt} = -\frac{1}{\rho}\frac{\partial p}{\partial y} - fu + \mathrm{DIF}.v \tag{A.2$'$}$$

$$\frac{dw}{dt} = -\frac{1}{\rho}\frac{\partial p}{\partial z} - g + f'u + \mathrm{DIF}.w \tag{A.3$'$}$$

となる．ここでfとf'はコリオリの係数で，緯度ϕでは，Ωを地球回転の角速度（$= 2 \times 3.14/24/3600 \sim 7.27 \times 10^{-5}$ rad/s）として$f = 2\Omega \sin\phi$，$f' = 2\Omega \cos\phi$で表される．ベクトル表記では$\vec{V} = (u, v, w)$，$\vec{\Omega} = (0, \Omega\cos\phi, \Omega\sin\phi)$として

$$\frac{d\vec{V}}{dt} = -\frac{1}{\rho}\nabla p - 2\vec{\Omega} \times \vec{V} + \vec{g} + \overrightarrow{\mathrm{DIF}} \tag{A.4}$$

となる．

(A.3′) 式で鉛直気圧傾度力と重力の釣り合いのみを考えると，静力学の式

$$\frac{\partial p}{\partial z} = -\rho g \tag{A.5}$$

が得られる．

A.2 連続の式

連続の式は，固定点でみた密度の時間変化＝周囲の面での質量フラックスの差として，

$$\frac{\partial \rho}{\partial t} + \frac{\partial \rho u}{\partial x} + \frac{\partial \rho v}{\partial y} + \frac{\partial \rho w}{\partial z} = 0 \tag{A.6}$$

で表される．上式は全微分 (d/dt) と偏微分 ($\partial/\partial t$) の関係

$$\frac{d}{dt} = \frac{\partial}{\partial t} + u\frac{\partial}{\partial x} + v\frac{\partial}{\partial y} + w\frac{\partial}{\partial z} \tag{A.7}$$

を使うと

$$\frac{\partial \rho}{\partial t} + u\frac{\partial \rho}{\partial x} + v\frac{\partial \rho}{\partial y} + w\frac{\partial \rho}{\partial z} + \rho\left(\frac{\rho u}{\partial x} + \frac{\partial v}{\partial y} + \frac{\partial w}{\partial z}\right) = 0 \tag{A.8}$$

から

$$\frac{1}{\rho}\frac{d\rho}{dt} + \frac{\partial u}{\partial x} + \frac{\partial v}{\partial y} + \frac{\partial w}{\partial z} = 0 \tag{A.9}$$

となる．「流れに沿った密度の時間変化＝収束発散」の関係を表し，(A.6) 式がフラックス形式の連続の式と呼ばれるのに対し (A.9) 式は移流形式の連続の式と呼ばれる．

後述するように，(A.6) 式あるいは (A.9) 式での左辺第 1 項密度の変化は大気の圧縮性に関わっている．

A.3 熱力学の式

熱力学の第一法則は，非断熱加熱率を Q として，C_v を気体の定積比熱として

$$Q\,dt = C_v dT + p\,d\alpha \tag{A.10}$$

で与えられる．ここで dT は温度変化であり，α は比容と呼ばれる密度の逆数である．上式は気体への加熱が，気体の内部エネルギーの増加と気体が気圧に

抗して膨張することにより外部に対して行う仕事の和となることを意味している．付録 A.4 で述べるように，この式から温位の予報方程式が導かれる．

A.4 状態方程式
(1) 理想気体の状態方程式
質量 M, 体積 V, 分子量 m の理想気体に対する状態方程式（ボイル-シャルルの法則）は

$$p = \rho \frac{R^*}{m} T = \frac{M}{m} \frac{R^*}{V} T \tag{A.11}$$

ここで R^* は普遍気体定数（$=8.314\,\mathrm{J/mol/K}$）である．乾燥空気（以下添え字 d で表す）の場合，ドルトンの分圧の法則から窒素・酸素・アルゴンなどの気体成分を添え字 i で表すと

$$p_\mathrm{d} = \sum_i p_i = \frac{R^*}{V} T \sum_i \frac{M_i}{m_i} = \frac{R^*}{V} T \frac{\sum_i M_i}{m_\mathrm{d}} = \rho_\mathrm{d} R T \tag{A.12}$$

ここで m_d は空気の平均分子量（$28.966\,\mathrm{g/mol}$）

$$m_\mathrm{d} = \frac{\sum_i M_i}{\sum_i (M_i/m_i)} \tag{A.13}$$

である．$R(=R^*/m_\mathrm{d})$ は乾燥空気に対する気体定数（$=287.05\,\mathrm{J/kg/K}$）である．

比容 α を用いれば

$$p\alpha = RT \tag{A.14}$$

となる．

(2) エクスナー関数と温位
無次元化した気圧（エクスナー関数）π と温位 θ を

$$\pi = \left(\frac{p}{p_0}\right)^{R/C_\mathrm{p}} \tag{A.15}$$

$$\theta = \frac{T}{\pi} \tag{A.16}$$

で定義すれば（$p_0 = 1000\,\mathrm{hPa}$, C_p は乾燥空気の定圧比熱；$7R/2 = 1004.7\,\mathrm{J/kg/K}$），

$$\rho = \frac{p_0}{R\theta} \left(\frac{p}{p_0}\right)^{C_\mathrm{v}/C_\mathrm{p}} \tag{A.17}$$

となる.C_vはC_pとRだけ異なり,$C_v = C_p - R = 5R/2 = 717.6\,\mathrm{J/kg/K}$の値をもつ.
熱力学の第一法則と組み合わせると

$$Q\,dt = C_v dT + p\,d\alpha = (C_v + R)dT - \alpha\,dp \tag{A.18}$$

となる.ここで

$$\alpha\,dp = \frac{R\theta\pi}{p}d(p_0 \pi^{C_p/R}) = C_p \theta\,d\pi \tag{A.19}$$

なので,

$$\frac{d\theta}{dt} = \frac{Q}{C_p \pi} \tag{A.20}$$

となる.すなわち,非断熱加熱($Q=0$)に対しては,温位は保存量である.

(3) 湿潤大気の状態方程式

湿潤大気の場合の分圧の法則は,

$$\begin{aligned} p = p_d + p_v &= \left(\frac{M_d}{m_d} + \frac{M_v}{m_v}\right)\frac{R^*}{V}T = \left(M_d + \frac{M_v m_d}{m_v}\right)\frac{R}{V}T \\ &= (M_d + 1.61 M_v)\frac{R}{V}T = (\rho_d + 1.61\rho_v)RT \\ &= (\rho_a + 0.61\rho_v)RT = \rho_a(1 + 0.61 q_v)RT = \rho_a R T_v \end{aligned} \tag{A.21}$$

である.ここでρ_aは湿潤大気の密度,q_vは比湿である.$T_v(=T(1+0.61 q_v))$は仮温度と呼ばれ,水蒸気の混入により大気が軽くなる効果を気温に換算した場合の絶対温度である.温位の定義式で温度を仮温度に置き換えたものを仮温位と呼ぶ.

$$\theta_v \equiv \frac{T_v}{\pi} = \frac{(1 + 0.61 q_v)T}{\pi} = (1 + 0.61 q_v)\theta \tag{A.22}$$

◆◇◆ B 気圧の計算式 ◆◇◆

B.1 静力学モデル

静力学モデルでは,地表気圧のみを予報すれば,静力学の式で3次元の気圧を求めることができる.

静力学の式(A.5)を地表から大気上端まで積分すると,地表気圧p_sは

$$p_s = \int_0^\infty \rho g\,dz \tag{B.1}$$

地表気圧の時間変化は，連続の式 (A.6) を用いて上下端では $w=0$ とすると

$$\frac{d}{dt}p_s = -\int_0^\infty \left(\frac{\partial \rho u}{\partial x} + \frac{\partial \rho v}{\partial y}\right) dz \tag{B.2}$$

となり，水平風による質量フラックスの総和で求められる．地表気圧が求まれば，3次元の気圧は，

$$p(z) = p_s + \int_0^z \rho g\, dz \tag{B.3}$$

で求められる．

B.2 非静力学モデル

非静力学モデルの場合，圧縮系のモデルでは，連続の式 (A.6) と状態方程式 (A.21) から気圧を求めることができる．ただし，気象庁非静力学モデル (NHM) では連続の式で密度を直接予報するのではなく，状態方程式と組み合わせて気圧の予報方程式を作り，気圧を予報してから密度を診断している．

状態方程式の変形 (A.17) の摂動をとれば，

$$\begin{aligned}
\rho' &= \left\{\frac{p_0}{R\theta}\left(\frac{p}{p_0}\right)^{C_v/C_p}\right\}' \\
&= \frac{p_0}{R}\left(\frac{p}{p_0}\right)^{C_v/C_p}\left(-\frac{\theta'}{\theta^2}\right) + \frac{p_0}{R\theta}\frac{C_v}{C_p}\left(\frac{p}{p_0}\right)^{(C_v/C_p)-1}\frac{p'}{p_0} \\
&= -\rho\frac{\theta'}{\theta} + \rho\frac{C_v}{C_p}\frac{p'}{p} = -\rho\frac{\theta'}{\theta} + \frac{p'}{C_s^2}
\end{aligned} \tag{B.4}$$

のように密度の摂動は温位（あるいは温度）の摂動と気圧の摂動に分けられる．ここで C_s は付録 D.3 で示すように音速である．これから密度の時間変化は，全微分に対しては

$$\frac{dp'}{dt} = C_s^2 \frac{d\rho}{dt} \tag{B.5}$$

となる．状態方程式は大気中のすべての場所で成立するので，局所微分に対しては

$$\frac{\partial \rho}{\partial t} = -\frac{\rho}{\theta}\frac{\partial \theta'}{\partial t} + \frac{1}{C_s^2}\frac{\partial p}{\partial t} \tag{B.6}$$

となる．左辺は連続の式 (A.6) から発散に置き換えられるので，温位の時間変化が得られれば (B.6) 式から気圧を予報することができる．

非圧縮の非静力学モデルでは，連続の式は

$$\frac{\partial \rho u}{\partial x} + \frac{\partial \rho v}{\partial y} + \frac{\partial \rho w}{\partial z} = 0 \tag{B.7}$$

の形になる．3方向の運動方程式の発散をとることにより，

$$\nabla^2 P + \frac{\partial}{\partial z}(hP) = \nabla \cdot \mathbf{F}\mathbf{V} - \frac{\partial}{\partial t}(\nabla \cdot \mathbf{V}) \tag{B.8}$$

の形の気圧の摂動 P についての診断方程式（楕円方程式）が得られ，これを解くことによって，気圧を計算する．詳しくは斉藤（1999a；1999b），Saito et al.（2007）などを参照して頂きたい．

◇◇◆ C 大気の安定度とブラント-バイサラの振動数 ◆◇◇

通常，対流圏では大気の温度は高度とともに小さくなり，その度合い（気温減率）は，だいたい 100 m につき約 0.6℃ である．図 3.7 のように高さ 1000 m で 14℃，気圧 900 hPa の空気があるとして，これを風船に詰めて上下させる場合を考えてみる．ただし風船のゴム壁の張力は小さく，風船は内外の気圧に応じて自由に膨張・収縮するが，熱は通さないものとする（断熱変化）．この高度の気塊の密度 ρ は状態方程式 (A.12) に $p = 900\,\mathrm{hPa} = 900 \times 10^2\,\mathrm{kg/m/s^2}$, $R = 287\,\mathrm{m^2/s^2/K}$, $T = 287.2\,\mathrm{K}$ を代入して $\rho = 1.0919\,\mathrm{kg/m^3}$ と求められる．

風船を 100 m 上昇させた場合，気圧は約 10.7 hPa 下がり，風船は膨張する．これは風船外の大気（一般場）が静力学の式 (A.5) でバランスしているためである．この風船内部の気塊は風船の壁を通じて仕事をするために温度が下がる．この温度変化（乾燥断熱減率）は 100 m につき約 1℃ なので風船内の空気の温度は約 13℃ に下降する．この場合，風船外気（一般場）の温度は 13.4℃ なので 0.4℃ の気温差が生じ，風船内の気塊（$\rho = 1.0827\,\mathrm{kg/m^3}$）は同じ高度の外気（$\rho = 1.0812\,\mathrm{kg/m^3}$）よりも重たくなり，1 kg あたり約 1.4×10^{-2} N の下向きの力を受ける．風船が元の高さから下降する場合は，逆の事情により気塊は上向きの力を受ける．この力の大きさは気塊の元の高さからの高度差に比例する．すなわち，変位の大きさに比例した復元力が働く点で，ばねにつけた重りと同様，気塊は上下に振動する運動で記述される．この場合のばね常数に相当する変位あたりの復元力は 1.4×10^{-4} N/kg/m なので，振動数はその平方根で約 1.2×10^{-2}/s，周期は振動数の逆数に 2π をかけて約 9 分である．この振動数をブラ

ント-バイサラの振動数と呼び,しばしば N で表す.復元力は一般場の気温減率が小さいほど(安定な場ほど)強いので,振動数も大きくなる.ブラント-バイサラの振動数は大気の安定度を表す重要な指標で,一般場の温位 $\bar{\theta}$ を (A.16) 式から計算することにより

$$N^2 = \frac{g}{\theta}\frac{d\bar{\theta}}{dz} \tag{C.1}$$

で求めることができる.これは気塊の温位は断熱変化では保存するため,密度差から生じる復元力の大きさが一般場の温位の鉛直傾度で見積もれるからである.この例のように通常の気温減率では N は 0.01/s 程度の値だが,逆転層などが存在する場合にはその 2 倍に達することがある.また温位一定の中立成層では N は 0 となる.

◇◇◆ D 大気中の波 ◆◇◇

大気中にはさまざまな波が存在するが,付録 A で示した基礎方程式系の解として,内部重力波・定常山岳波・音波がある.ここでは 2 次元の線形方程式でこれらを統一的に記述する.

D.1 内部重力波

2 次元断熱非圧縮の基礎方程式は,以下の四つで表される.

$$\frac{du}{dt} = -\frac{1}{\rho}\frac{\partial p}{\partial x} \tag{D.1}$$

$$\frac{dw}{dt} = -\frac{1}{\rho}\frac{\partial p}{\partial z} - g \tag{D.2}$$

$$\frac{\partial u}{\partial x} + \frac{\partial w}{\partial z} = 0 \tag{D.3}$$

$$\frac{d\theta}{dt} = 0 \tag{D.4}$$

ここで (D.1),(D.2) 式は運動方程式,(D.3),(D.4) 式はそれぞれ連続の式と熱力学の式である.これらを $u=u'$, $w=w'$, $\theta=\theta+\theta'$, $\rho=\rho_0$ として線形化すると,上式はそれぞれ

$$\frac{\partial u'}{\partial t} + \frac{1}{\rho_0}\frac{\partial p'}{\partial x} = 0 \tag{D.5}$$

$$\sigma\frac{\partial w'}{\partial t}+\frac{1}{\rho_0}\frac{\partial p'}{\partial z}=b' \tag{D.6}$$

$$\frac{\partial u'}{\partial x}+\frac{\partial w'}{\partial z}=0 \tag{D.7}$$

$$\frac{\partial b'}{\partial t}+w'N^2=0 \tag{D.8}$$

となる.ただし,$b'=g\theta'/\theta$, $N=\{(g/\theta)\times(d\theta/dz)\}^{1/2}$でこれが内部重力波の振動数になることを後で示す.$\sigma$は静力学系近似を行うかどうかのパラメータで,$\sigma=0$のとき静力学系,$\sigma=1$のとき非静力学系である.(D.5)式と(D.7)式からu'を,また(D.6)式と(D.8)式からb'を消去すると,それぞれ

$$\frac{\partial^2 w'}{\partial t \partial z}-\frac{1}{\rho_0}\frac{\partial^2 p'}{\partial x^2}=0 \tag{D.9}$$

$$\sigma\frac{\partial^2 w'}{\partial t^2}+\frac{1}{\rho_0}\frac{\partial^2 p'}{\partial t \partial z}+w'N^2=0 \tag{D.10}$$

を得る.これらからp'を消去すると

$$\frac{\partial^2}{\partial t^2}\left(\sigma\frac{\partial^2 w'}{\partial x^2}+\frac{\partial^2 w'}{\partial z^2}\right)+N^2\frac{\partial^2 w'}{\partial x^2}=0 \tag{D.11}$$

となる.w'についての解を

$$w'=A\exp\{i(kx+mz-\omega t)\} \tag{D.12}$$

の形に仮定すれば,このとき波長と位相速度はx軸,z軸,波面に直交する向きに沿ってそれぞれ下のようになる.

$$\lambda_x=\frac{2\pi}{k}, \quad c_x=\frac{\omega}{k}, \quad \lambda_z=\frac{2\pi}{m}, \quad c_z=\frac{\omega}{m},$$

$$\lambda=\frac{2\pi}{\sqrt{k^2+m^2}}, \quad c=\frac{\omega}{\sqrt{k^2+m^2}} \tag{D.13}$$

内部重力波の波数と振動数の関係(分散関係)は,

$$\omega^2=\frac{k^2N^2}{\sigma k^2+m^2} \tag{D.14}$$

となる.非静力学系($\sigma=1$)ではωはNよりも小さくなり,鉛直方向の運動だけを考える場合($k=\infty$)にはωはNに一致する.すなわち,Nは重力波の振動数(ブラント-バイサラの振動数)になっている.

静力学系($\sigma=0$または$m\gg k$)では,$\omega=kN/m$, $C_x=N/m$となって,位相速度の水平波数依存性がなくなるので,重力波は水平方向には分散性をもたない.

D.2 定常線形山岳波

大きな一般風が存在する場合を考えて，(D.1)，(D.2) 式を $u = U + u'$, $w = w'$, $\theta = \theta + \theta'$, $\rho = \rho_0$ として線形化する．定常を仮定して時間項を落とすことにより以下を得る．

$$U\frac{\partial u'}{\partial x} + \frac{1}{\rho_0}\frac{\partial p'}{\partial x} = 0 \tag{D.15}$$

$$\sigma U\frac{\partial w'}{\partial x} + \frac{1}{\rho_0}\frac{\partial p'}{\partial z} = b' \tag{D.16}$$

$$\frac{\partial u'}{\partial x} + \frac{\partial w'}{\partial z} = 0 \tag{D.17}$$

$$U\frac{\partial b'}{\partial x} + w'N^2 = 0 \tag{D.18}$$

(D.15) 式と (D.17) 式から u' を，また (D.16) 式と (D.18) 式から b' を消去すると，

$$U\frac{\partial w'}{\partial x} - \frac{1}{\rho_0}\frac{\partial p'}{\partial x} = 0 \tag{D.19}$$

$$\sigma U^2\frac{\partial^2 w'}{\partial x^2} + \frac{U}{\rho_0}\frac{\partial^2 p'}{\partial x \partial z} + w'N^2 = 0 \tag{D.20}$$

を得る．これらから p' を消去すると

$$\left(\sigma\frac{\partial^2 w'}{\partial x^2} + \frac{\partial^2 w'}{\partial z^2}\right) + \frac{N^2}{U^2}w' = 0 \tag{D.21}$$

となり，(D.11) 式と同様な解の形を仮定すれば，有名な山岳波についての Long の式 (Long, 1954)

$$\frac{\partial^2 w'}{\partial z^2} + (l^2 - \sigma k^2)w' = 0 \tag{D.22}$$

を得る．ただし，l はスコーラー数（$l = N/U$）である．静力学系（$\sigma = 0$）では，解の形は分散性をもたない鉛直波長 $2\pi/l$ の周期的な波となる．非静力学系では，上式は，l と k の大小関係によって解の性質が変わる．$k^2 > l^2$ の波は外部波として鉛直方向に指数関数的に減衰する波，$k^2 < l^2$ の波は内部波として鉛直波長

$$\lambda_z = \frac{2\pi}{\sqrt{l^2 + k^2}} \tag{D.23}$$

の周期的な波となる．実際の解は，種々の波数の波の重ね合わせにより分散性

をもつ山岳風下側に広がる波となる．

図3.8に掲載したのは，3次元の孤立峰を越える定常線形山岳波で，v'などy方向の変化も考慮した場合である．詳細は斉藤（1994b）を参照してほしい．

D.3 音　波

連続の式に密度変化の項（第1項）を含めるかどうかで非圧縮系のモデルと圧縮系のモデルに大別される．圧縮系のモデルでは音波が解に含まれる．

非断熱，一般風なし，浮力の効果も考えないとし，$u=u'$，$w=w'$，$\theta=\theta+\theta'$，$\rho=\rho_0+\rho'$で線形化する．この場合，移流を考えないので，全微分と同様に局所微分の式でも右辺第1項が無視できる．

$$\frac{\partial u'}{\partial t}+\frac{1}{\rho_0}\frac{\partial p'}{\partial x}=0 \tag{D.24}$$

$$\frac{\partial w'}{\partial t}+\frac{1}{\rho_0}\frac{\partial p'}{\partial z}=0 \tag{D.25}$$

$$\frac{\partial \rho'}{\partial t}+\rho_0\left(\frac{\partial u'}{\partial x}+\frac{\partial w'}{\partial z}\right)=0 \tag{D.26}$$

あるいは

$$\frac{\partial p'}{\partial t}+C_s^2\rho_0\left(\frac{\partial u'}{\partial x}+\frac{\partial w'}{\partial z}\right)=0 \tag{D.27}$$

(D.24)，(D.25)，(D.26) 式から u'，w' を消去すると

$$\frac{\partial p'}{\partial t}+C_s^2\rho_0\left(\frac{\partial u'}{\partial x}+\frac{\partial w'}{\partial z}\right)=0 \tag{D.28}$$

分散関係は

$$\omega^2-C_s^2(k^2+m^2)=0 \tag{D.29}$$

波面に垂直な方向の位相速度は(D.13)式より

$$c=\frac{\omega}{\sqrt{k^2+m^2}}=C_s \tag{D.30}$$

なので，C_s は音速になっていることがわかる．

◇◆　E　水物質の終末落下速度　◆◇

降水物質の粒径の数濃度分布関数としては，数濃度Nを粒径Dの分布とし

表 E.1 気象庁非静力学モデルで用いられているバルク法雲物理過程の a, b, ρ_w の値

降水粒子	粒径分布	a の値 (m/s)	b の値 (m^{-1})	ρ_w の値 (kg/m^3)
雲水	単一			1000
雲氷	単一			150
雨	逆指数	842	0.8	1000
雪	逆指数	17	0.5	84
あられ	逆指数	124	0.64	300

て，マーシャル-パルマーの逆指数分布

$$N(D) = N_0 e^{-\lambda D} \tag{E.1}$$

が仮定されることが多い．粒径 D の降水粒子が，ストークスの式に従って終末速度

$$V(D) = ae^{bD} \tag{E.2}$$

で落下する場合，質量荷重平均したバルクの落下速度は，

$$\overline{V} = \frac{\int \frac{\pi}{6} \rho_w D^3 V(D) N(D) \, dD}{\int \frac{\pi}{6} \rho_w D^3 N(D) \, dD} = \frac{\int D^3 a D^b e^{-\lambda D} \, dD}{\int D^3 e^{-\lambda D} \, dD}$$

$$= \frac{a\Gamma(4+b)}{6\lambda^b} \tag{E.3}$$

で与えられる．ここで ρ_w は水物質の密度，$\Gamma(z)$ はガンマ関数

$$\Gamma(z) = \int_0^\infty t^{z-1} e^{-t} \, dt \tag{E.4}$$

で，オイラーの部分積分から以下の性質をもつ．

$$\Gamma(z) = \int_0^\infty t^{z-1} (-e^{-t})' \, dt = \left[(-t^{z-1} e^{-t}) \right]_0^\infty + (z-1) \int_0^\infty t^{z-2} e^{-t} \, dt$$

$$= (z-1)\Gamma(z-1) \tag{E.5}$$

表 E.1 に気象庁のメソスケールモデルや局地モデルで用いられているバルク法雲物理過程での a, b, ρ_w の代表的な値を記しておく．

◆◇◆ F　ベイズの定理と最尤推定　◆◇◆

$\boldsymbol{x}$：解析変数，$\boldsymbol{x}_b$：$\boldsymbol{x}$ の第一推定値（気候値など），$\boldsymbol{y}_o$：観測データ，$p(\cdot|\cdot)$：

F ベイズの定理と最尤推定

条件付き確率密度関数とし,$\boldsymbol{x}_b$ と $\boldsymbol{y}_o$ は互いに独立と仮定するとき,観測 b が与えられたときの条件付き事後確率密度関数は

$$p(\boldsymbol{x}|\boldsymbol{x}_b, \boldsymbol{y}_o) = \frac{p_b(\boldsymbol{x}_b)p_o(\boldsymbol{y}_o)}{\int p_b(\boldsymbol{x}_b)p_o(\boldsymbol{y}_o)d\boldsymbol{x}}$$

で与えられる.この確率を最大とする

$$\hat{\boldsymbol{x}} = \max_{\boldsymbol{x}} \{p_b(\boldsymbol{x}_b)p_o(\boldsymbol{y}_o)\}$$

をベイズ推定と呼ぶ.

たとえば,背景場と観測の確率密度関数が,標準偏差を σ とするガウスの正規分布

$$p_b(x_b) = \frac{1}{\sqrt{2\pi\sigma_b^2}} \exp\left\{-\frac{(x-x_b)^2}{2\sigma_b^2}\right\}$$
$$p_b(y_b) = \frac{1}{\sqrt{2\pi\sigma_o^2}} \exp\left\{-\frac{(y-y_o)^2}{2\sigma_o^2}\right\} \quad \text{(F.1)}$$

で与えられる場合,第一推定値 x_b に対して観測 y_o が与えられたときの解析変数 x についての条件付き確率密度関数は

$$p(x|x_b, y_o) = \frac{p_b(x_b)p_o(y_o)}{\int p_b(x_b)p_o(y_o)dx}$$
$$= \frac{1}{\sqrt{2\pi\sigma_a^2}} \exp\left\{-\frac{(x-x_a)^2}{2\sigma_a^2}\right\} \quad \text{(F.2)}$$

となる.ここで,最尤推定(解析値)は

$$x_a = \frac{\sigma_o^2 x_b + \sigma_b^2 y_o}{\sigma_b^2 + \sigma_o^2} \quad \text{(F.3)}$$

で,背景誤差分散と観測誤差分散の重み付き平均として得られる.また解析誤差分散は

$$\sigma_a^2 = \frac{\sigma_b^2 \sigma_o^2}{\sigma_b^2 + \sigma_o^2} \quad \text{(F.4)}$$

で,背景誤差と観測誤差のそれぞれの分散よりも常に小さな値となる(図3.17).

◇◇◆ G　変分法の評価関数 ◆◇◇

4次元変分法と呼ばれる解析手法では，以下のような観測時刻の観測値と第一推定値の双方からの誤差の重みに応じた距離の和で評価関数 J を定義し，評価関数が最小となる解を探索して解析値 $\boldsymbol{x}$（ここで太文字はベクトルまたは行列）を求める．

$$J = J_b + J_o$$
$$= \frac{1}{2}(\boldsymbol{x}_0 - \boldsymbol{x}_0^b)^T \mathbf{B}^{-1}(\boldsymbol{x}_0 - \boldsymbol{x}_0^b) + \frac{1}{2}(\boldsymbol{HMx}_0 - \boldsymbol{y}^o)^T \mathbf{R}^{-1}(\boldsymbol{HMx}_0 - \boldsymbol{y}^o) \quad \text{(G.1)}$$

ここで，$\boldsymbol{H}$ はモデルの予報変数を観測物理量に変換する演算子（観測演算子と呼ぶ）で，$\boldsymbol{x}$ の添え字 0 は同化期間の最初の時刻における値である．$\mathbf{B}$ と $\mathbf{R}$ はそれぞれ背景誤差共分散行列（第一推定値の誤差とその空間相関），観測誤差共分散行列（観測誤差とその空間相関）である．(G.1)式で，右辺第 1 項は解析値と第一推定値との差で背景項と呼ばれ，第 2 項は観測演算子によって変換された値と観測値との差で観測項と呼ばれる．$\boldsymbol{M}$ は数値モデルの時間発展を表すモデル演算で，観測項は時間的広がりをもった同化期間（同化ウインドウ）全体で計算される（図3.18）．これによって，同化ウインドウに含まれる非定時の観測データを生かすことができるのが4次元変分法の大きな特徴である．

4次元変分法では，評価関数を最小化するため，(G.1) 式の勾配

$$\nabla_{x0} J = \mathbf{B}^{-1}(\boldsymbol{x}_0 - \boldsymbol{x}_0^b) + \mathbf{M}^T \mathbf{H}^T \mathbf{R}^{-1}(\boldsymbol{HMx}_0 - \boldsymbol{y}^o) \quad \text{(G.2)}$$

から最小値探索を行う．ここで $\mathbf{H}$ は線形化した観測演算子，$\mathbf{M}$ は接線形モデルと呼ばれる予報モデルを線形化したモデル，$\mathbf{M}^T$ はアジョイントモデルと呼ばれる接線形モデルの入力と出力を入れ替えたモデルである．

◇◇◆ H　等 角 図 法 ◆◇◇

地球面上の位置を地図面に投影する場合，元の図形の大きさのみを変えて形を変えない「等角投影」として，メルカトル図法，ポーラステレオ図法，ランベルト図法の3種が知られている．ランベルト等角図法（図3.22）では，緯度を φ，基準経度からの経度のずれを $\Delta\lambda$ としたとき，地球面上の位置を二つの基準緯度 φ_1 と φ_2 で交わる円錐面に投影する．円錐面を平面に展開したときの水

平座標 (x, y) は，

$$\begin{pmatrix} x \\ y \end{pmatrix} = \begin{pmatrix} x_\mathrm{p} + \dfrac{m}{c} a \cos \varphi \sin c\, \Delta\lambda \\ y_\mathrm{p} + \dfrac{m}{c} a \cos \varphi \cos c\, \Delta\lambda \end{pmatrix} \tag{H.1}$$

で与えられる．ここで m はマップファクタと呼ばれる地図拡大率で，

$$m = \left(\frac{\cos \varphi}{\cos \varphi_1} \right)^{c-1} \left(\frac{1 + \sin \varphi_1}{1 + \sin \varphi} \right)^{c} \tag{H.2}$$

で与えられる．ただし，c は投影面上 $\Delta\lambda$ 基準経度のランベルト図上でのすぼまり具合の比率で，

$$c = \ln \left(\frac{\cos \varphi_1}{\cos \varphi_2} \right) \Big/ \ln \left\{ \frac{\tan(\pi/4 - \varphi_1/2)}{\tan(\pi/4 - \varphi_2/2)} \right\} \tag{H.3}$$

で表される．マップファクタ m は $\varphi = \varphi_1$ と $\varphi = \varphi_2$ で 1 となる．MSM で使われている $\varphi_1 = 30°$，$\varphi_2 = 60°$ の場合，c は約 0.72 となる．ポーラステレオ図法は，ランベルト図法において，$\varphi_1 = \varphi_2 = 90°$，$c = 1$ とした特殊な場合とみなすこともできる．ランベルト図法では，φ_1 と φ_2 の間のマップファクタの変化が小さいため，中緯度のシミュレーションに適している．

◆◇◆ I アンサンブル平均の誤差 ◆◇◆

アンサンブル予報のメリットとしてまずあげられるのは，アンサンブル平均予報は単独予報よりも統計的に精度が良いことである．予報モデルにバイアスがない場合，多数例平均をとれば，アンサンブル平均予報の誤差分散は単独予報の誤差分散のおよそ半分になる．これはランダムな誤差が多数のアンサンブル平均では打ち消し合うことによる．多数例平均を $\langle\ \rangle$，予報を u_1，真値を u_0 で表すとき，バイアスのない単独予報の誤差分散は，

$$\langle E_1{}^2 \rangle = \langle (u_1 - u_0)(u_1 - u_0)^\mathrm{T} \rangle = \langle u_1 u_1{}^\mathrm{T} \rangle + \langle u_0 u_0{}^\mathrm{T} \rangle = 2 \langle u_0 u_0{}^\mathrm{T} \rangle$$

で右辺は予報と真値に含まれるランダムな誤差の和を意味する．ここで，予報と真値に含まれるランダムな誤差は相関がないことを前提にしている．

メンバー数 m のアンサンブル平均予報の誤差分散は,

$$\langle E_m{}^2 \rangle = \langle (\bar{u} - u_0)(\bar{u} - u_0)^{\mathrm{T}} \rangle = \left\langle \frac{1}{m}\sum_{i=1}^{m} u_i \frac{1}{m}\sum_{j=1}^{m} u_j{}^{\mathrm{T}} \right\rangle + \langle u_0 u_0{}^{\mathrm{T}} \rangle$$

$$= \left(\frac{m}{m^2} + 1\right) \langle u_0 u_0{}^{\mathrm{T}} \rangle = \frac{m+1}{2m} \langle E_1{}^2 \rangle$$

となる.定式は $m=1$ のとき 1 をとり,m が大きくなるにつれて 1/2 に漸近する.すなわち,アンサンブルメンバー数が無限大なら,アンサンブル平均予報の誤差分散は単独予報の誤差分散の半分(50%)になる.$m=5$ で 60%,$m=10$ で 55% なので,アンサンブル平均が単独予報を改善するメリットは比較的少数のメンバー数でもある程度享受できるといえる.

参 考 文 献

石原正仁編，2001：ドップラー気象レーダー．気象研究ノート，**200**，216pp．

石原正仁，2012：2008年雑司が谷大雨当日における積乱雲群の振舞いと局地的大雨の直前予測 I ― 3次元レーダーデータによる積乱雲群の統計解析―．天気，**59**，549-562．

大泉　伝・黒田　徹・斉藤和雄，2015：スーパーコンピュータ「京」とNHMを用いた2014年8月の広島の豪雨の高解像度予報実験．日本気象学会春季大会予稿集，p.417．

小倉義光，1997：メソ気象の基礎理論．東京大学出版会，215pp．

木川誠一郎，2014：高解像度降水ナウキャストにおける降水の解析・予測技術について．気象庁測候時報，**81**，55-76．

気象庁，2008：台風の特別観測実験 T-PARC2008 について．平成20年10月16日気象庁報道発表資料．(http://www.jma.go.jp/jma/press/0810/16a/tparc.html)

気象庁，2015：日本版改良藤田スケールに関するガイドライン．(http://www.data.jma.go.jp/obd/stats/data/bosai/tornado/kentoukai/kaigi/2015/1221_kentoukai/guideline.pdf　確認日2016年7月1日)

気象庁予報部，2006：アンサンブル予報．数値予報課報告・別冊第52号，265pp．

気象庁予報部，2008：気象庁非静力学モデルII ―現業利用の開始とその後の発展―．数値予報課報告・別冊第54号，265pp．

気象庁予報部，2013：日本域拡張・高頻度化した局地モデルの特性およびガイダンスの高度化．平成25年度数値予報研修テキスト，134pp．

気象庁予報部，2014a：改良・高度化された全球数値予報システムと週間・台風アンサンブル予報システムの特性およびガイダンスの改良．数値予報研修テキスト，47号，172pp．

気象庁予報部，2014b：次世代非静力学モデル asuca．数値予報課報告・別冊第60号，151pp．

小林隆久編，2004：ウィンドプロファイラー ― 電波で探る大気の流れ ―．気象研究ノート，**205**，202pp．

斉藤和雄，1994a：山越え気流と局地強風．第28回日本気象学会夏季大学テキスト，32-45．

斉藤和雄，1994b：山越え気流について（おろし風を中心として）．天気，**41**，731-

750.

斉藤和雄, 1999a：気象研究所非静力学ネスティングモデル. 気象研究ノート, **193**, 269-279.

斉藤和雄, 1999b：非静力学モデルの分類. 気象研究ノート, **196**, 19-35.

斉藤和雄, 1999c：気圧方程式の数値解法と境界条件. 気象研究ノート, **196**, 45-56.

斉藤和雄, 2012a：メソスケールの気象予測. シミュレーション, **31**, 210-218.

斉藤和雄, 2012b：局地的大雨の予測に挑む. 環境会議, 2012年春号, 58-63.

斉藤和雄, 2013：メソスケール気象予測の数学的問題設定. 数学教育, **95**(5), 13-20.

斉藤和雄, 2016：気象庁非静力学モデルの現業化とメソスケール気象予測の高度化研究— 2015年度岸保賞受賞記念講演—. 天気, **63**, 69-94.

斉藤和雄・岡本幸三, 2008：数値予報. 気象予報士ハンドブック, オーム社, pp.437-451.

斉藤和雄・川畑拓矢・國井　勝, 2012：台風強度予報と再予報実験. 気象研究ノート, **227**, 37-70.

斉藤和雄・河宮未知生, 2014：気象災害. 計算科学ロードマップ2.2.2, 16-23.

斉藤和雄・折口征二・Le Duc・小林健一郎, 2013b：新潟福島豪雨のメソアンサンブル予報実験. 気象庁技術報告, **134**, 59-73.

斉藤和雄・新堀敏基・原　旅人・豊田英司・加藤輝之・藤田　司・永田和彦・本田有機, 2014：WMO「福島第一原発事故に関する気象解析についての技術タスクチーム」活動. 測候時報, **81**, 1-30.

斉藤和雄・大泉　伝, 2015：クローズアップ　「京」による集中豪雨予測研究で防災・減災の未来を拓く. 京算百景, **12**, 1-4.

斉藤和雄・国井　勝・荒木健太郎, 2016：2011年8月26日首都圏豪雨の雲解像アンサンブル実験. 気象研究ノート. （投稿）

佐山敬洋・Nay Myo Lin・深見和彦・田中茂信・竹内邦良, 2011：降雨流出氾濫モデルによるサイクロンナルギス高潮氾濫シミュレーション. 水工学論文集, **55**, S529-534.

瀧下洋一, 2011：竜巻発生確度ナウキャスト・竜巻注意情報について：突風に関する防災気象情報の改善. 測候時報, **78**(3), 57-93.

中西幹郎, 2009：LES. 天気, **56**, 477-478.

中西幹郎, 2011：乱流クロージャーモデル. 天気, **56**, 477-478.

中西幹郎・新野　宏, 2010：ラージ・エディ・シミュレーションに基づく改良Mellor-Yamada Level 3乱流クロージャーモデル（MYNNモデル）の開発と大気境界層の研究. 天気, **57**, 877-888.

深尾昌一郎・浜津享助, 2005：気象と大気のレーダーリモートセンシング. 京都大学出版会, 479pp.

筆保弘徳・伊藤耕介・山口宗彦, 2014：台風の正体（気象学の新潮流2）. 朝倉書店,

171pp.

三隅良平編, 2016：極端気象に強い都市創り. 気象研究ノート. (発刊予定)

三好建正, 2008：カルマンフィルタ. 気象研究ノート, 217, 69-96.

余田成男・中澤哲夫・竹内義明・三好建正・木本昌秀・榎本　剛・岩崎俊樹・向川均・松枝未遠・山口宗彦・茂木耕作・新野　宏・斉藤和雄・瀬古　弘・小司禎教, 2008：日本における顕著現象の予測可能性研究. 天気, 55, 117-126.

Bowler, N.E., A. Arribas, K.R. Mylne, K.B. Robertson, and S.E. Beare, 2008：The MOGREPS short-range ensemble prediction system. *Q. J. R. Meteor. Soc.*, **134**, 703-722.

Burgess, D.W., R.J. Donaldson, T. Sieland, and J. Hinkelman, 1979：Final report on the Joint Doppler Operational Project (JDOP 1976-1978). Part I：Meteorological applications. NOAA, Tech. Memo. ERL NSSL-86, NOAA, 84pp.

Bryan, G.H., J.C. Wyngaard, and J.M. Fritsch, 2003：Resolution requirements for the simulation of deep moist convection. *Mon. Wea. Rev.*, **131**, 2394-2416.

Charney, J.G., H.R. Fjortoft, and J.V. Neumann, 1950：Numerical integration of the barotropic vorticity equation. *Tellus*, **2**, 237-254.

Chen, G., X. Zhu, W. Sha, T. Iwasaki, H. Seko, K. Saito, H. Iwai, and S. Ishii, 2015a：Toward improved forecasts of sea-breeze horizontal convective rolls at super high resolutions. Part I：Configuration and verification of a down-scaling simulation system (DS3). *Mon. Wea. Rev.*, **143**, 1849-1872.

Chen, G., X. Zhu, W. Sha, T. Iwasaki, H. Seko, K. Saito, H. Iwai, and S. Ishii, 2015b：Toward improved forecasts of sea-breeze horizontal convective rolls at super high resolutions. Part II：The impacts of land use and buildings. *Mon. Wea. Rev.*, **143**, 1873-1894.

Drobinski, P. and coauthors, 2014：HyMeX：A 10-year multidisciplinary program on the mediterranean water cycle. *Bull. Amer. Meteor. Soc.*, **95**, 1063-1082.

Duan, Y., J. Gong, M. Charron, J. Chen, G. Deng, G. DiMego, J. Du, M. Hara, M. Kunii, X. Li , Y. Li, K. Saito, H. Seko, Y. Wang, and C. Wittmann, 2012：An overview of Beijing 2008 Olympics Research and Development Project (B08RDP). *Bull. Amer. Meteor. Soc.*, **93**, 381-403.

Duc, L., K. Saito, and H. Seko, 2013：Spatial-temporal fractions verification for high resolution ensemble forecasts. *Tellus*, **65**, doi：10.3402/tellusa.v65i0.18171.

Duc, L., T. Kuroda, K. Saito, and T. Fujita, 2015：Ensemble Kalman Filter data assimilation and storm surge experiments of tropical cyclone Nargis. *Tellus* A, **67**, 25941, doi：10.3402/tellusa.v67.25941.

Ebert, E, 2008：Fuzzy verification of high resolution gridded forecasts：A review and proposed framework. *Meteor. Appl.*, **15**, 51-64.

Fujita, T.T., 1971 : Proposed characterization of tornadoes and hurricanes by area and intensity. SMRP Research Paper 91, University of Chicago, 42pp.

Golding, B.W., S.P. Ballard, K. Mylne, N. Roberts, A. Saulter, C. Wilson, P. Agnew, L.S. Davis, J. Trice, C. Jones, D. Simonin, Z. Li, C. Pierce, A. Bennett, M. Weeks, and S. Moseley, 2014 : Forecasting capabilities for the London 2012 Olympics. *Bull. Amer. Meteor. Soc.,* **95**, 883-896.

Hara, T., 2010 : Turbulent process. *Tech. Rep. MRI,* **62**, 168-178.

Ikawa, M. and K. Saito, 1991 : Description of a nonhydrostatic model developed at the Forecast Research Department of the MRI. *Tech. Rep. MRI,* **28**, 238pp. doi : 10.11483/mritechrepo.28

Isaac, G., P. Joe, J. Mailhot, M. Bailey, S. Belair, F. Boudala, M. Brugman, E. Campos, R. Carpenter Jr., R. Crawford, S. Cober, B. Denis, C. Doyle, H. Reeves, I. Gultepe, T. Haiden, I. Heckman, L. Huang, J. Milbrabdt, R. Mo, R. Rasmussen, T. Smith, R. Stewart, D. Wang, and L. Wilson, 2014 : Science of Nowcasting Olympic Weather for Vancouver 2010 (SNOW-V10) : A World Weather Research Programme Project. *Pure Appl. Geophys.,* doi : 10.1007/s00024-012-0579-0.

Ito, K., T. Kuroda, K. Saito, and A. Wada, 2015 : A large number of tropical cyclone intensity forecasts around Japan using a coupled high-resolution model. *Weather and Forecasting,* **30**, 793-808.

Kalnay, 2003 : *Atmospheric Modeling, Data Assimiation and Predictability.* Cambridge University Press, 341pp.

Kawabata, T., T. Kuroda, H. Seko, and K. Saito, 2011 : A cloud-resolving 4DVAR assimilation experiment for a local heavy rainfall event in the Tokyo metropolitan area. *Mon. Wea. Rev.,* **139**, 1911-1931.

Kawabata, T., Y. Shoji, H. Seko, and K. Saito, 2013 : A numerical study on a mesoscale-convective system over a subtropical island with 4D-Var assimilation of GPS slant total delays. *J. Meteor. Soc. Japan,* **91**, 705-721.

Kawabata, T., H. Iwai, H. Seko, Y. Shoji, K. Saito, S. Ishii, and K. Mizutani, 2014 : Cloud-resolving 4D-Var assimilation of Doppler wind lidar data on a mesogamma scale convective system. *Mon. Wea. Rev.,* **142**, 2284-4498.

Keenan, T., P. Joe, J. Wilson, C. Collier, B. Golding, D. Burgess, P. May, C. Pierce, J. Bally, A. Crook, A. Seed, D. Sills, L. Berry, R. Potts, I. Bell, N. Fox, E. Ebert, M. Eilts, K. O'Loughlin, R. Webb, R. Carbone, K. Browning, R. Roberts, and C. Mueller, 2003 : The Sydney 2000 World Weather Research Programme Forecast Demonstration Project : Overview and current status. *Bull. Amer. Meteor. Soc.,* **84**, 1041-1054.

Kiktev, D.B., E.D. Astakhova, D.V. Blinov, R.B. Zaripov, A.V. Murav'ev, G.S. Rivin,

I.A. Rozinkina, A.V. Smirnov, and M.D. Tsyrulnikov, 2013 : Development of forecasting technologies for meteorological support of the Sochi-2014 Winter Olympic Games. *Russian Meteorology and Hydrology*, **38**, 653-660.

Kunii, M., 2014 : Mesoscale data assimilation for a local severe rainfall event with the NHM-LETKF system. *Weather and Forecasting*, **29**, 1093-1105.

Kunii, M., K. Saito, and H. Seko, 2010 : Mesoscale data assimilation experiment in the WWRP B08RDP. *SOLA*, **6**, 33-36.

Kunii, M., K. Saito, H. Seko, M. Hara, T. Hara, M. Yamaguchi, J. Gong, M. Charron, J. Du, Y. Wang, and D. Chen, 2011 : Verifications and intercomparisons of mesoscale ensemble prediction systems in B08RDP. *Tellus* A, **63**, 531-549.

Kuroda, T., K. Saito, M. Kunii, and N. Kohno, 2010 : Numerical simulations of Myanmar cyclone Nargis and the associated storm surge. Part 1 : Forecast experiment with a nonhydrostatic model and simulation of storm surge. *J. Meteor. Soc. Japan*, **88**, 521-545.

Mailhot, J., S. Bélair, M. Charron, C. Doyle, P. Joe, M. Abrahamowicz, N.B. Bernier, B. Denis, A. Erfani, R. Frenette, A. Giguère, G.A. Isaac, N. McLennan, R. McTaggart-Cowan, J. Milbrandt, and L. Tong, 2010 : Environment Canada's experimental numerical weather prediction systems for the Vancouver 2010 Winter Olympic and Paralympic Games. *Bull. Amer. Meteor. Soc.*, **91**, 1073-1085.

McDonald, J. and K.C. Mehta, 2006 : A recommendation for an Enhanced Fujita Scale (EF-Scale), Revision 2. Wind Science and Engineering Research Center, Texas Tech University, 111pp.

Nakanishi, M. and H. Niino, 2009 : Development of an improved turbulence closure model for the atmospheric boundary layer. *J. Meteor. Soc. Japan*, **87**, 895-912.

Nakatani, T., Y. Shoji, R. Misumi, K. Saito, N. Seino, H. Seko, Y. Fujiyoshi, and I. Nakamura, 2013 : WWRP RDP Science Plan : Tokyo Metropolitan Area Convection Study for Extreme Weather Resilient Cities (TOMACS). WWRP report for Joint Scientific Committee, 26pp.

Nitta, T. and K. Saito, 2004 : Early history of the operational numerical weather prediction in Japan. NWP Legacy and Future, University of Maryland, 7pp. (available online at : http://www.mri-jma.go.jp/Dep/fo/lab2/member/ksaito/APPE/NittaSaito_0507.pdf)

Oizumi, T., K. Saito, J. Ito, T. Kuroda, and L. Duc, 2016 : An ultra-high resolution numerical weather prediction experiment with a large domain using the K Computer : A case study of the Izu Oshima heavy rainfall event on 15-16 October 2013. *J. Meteor. Soc. Japan*. (in revision)

Orlanski, I., 1975 : A rational subdivision of scales for atmospheric processes. *Bull.*

Amer. Meteor. Soc., **56**, 527-530.

Richardson, O.F., 1922 : *Weather Prediction by Numerical Process*. Cambridge University Press, 236pp.

Saito, K., 2012 : The Japan Meteorological Agency nonhydrostatic model and its application to operation and research. *Atmospheric Model Applications*, 85-110. doi : 10.5772/35368.

Saito, K., G. Doms, U. Schaetter, and J. Steppeler, 1998 : 3-D mountain waves by the Lokal-Modell of DWD and the MRI-mesoscale nonhydrostatic model. *Pap. Met. Geophys.*, **49**, 7-19.

Saito, K., T. Fujita, Y. Yamada, J. Ishida, Y. Kumagai, K. Aranami, S. Ohmori, R. Nagasawa, S. Kumagai, C. Muroi, T. Kato, H. Eito, and Y. Yamazaki, 2006 : The operational JMA nonhydrostatic mesoscale model. *Mon. Wea. Rev.*, **134**, 1266-1298.

Saito, K., J. Ishida, K. Aranami, T. Hara, T. Segawa, M. Narita, and Y. Honda, 2007 : Nonhydrostatic atmospheric models and operational development at JMA. *J. Meteor. Soc. Japan*, **85**B, 271-304.

Saito, K., M. Kunii, M. Hara, H. Seko, T. Hara, M. Yamaguchi, T. Miyoshi, and W. Wong, 2010a : WWRP Beijing 2008 Olympics Forecast Demonstration / Research and Development Project (B08FDP/RDP). *Tech. Rep. MRI*, **62**, 210pp.

Saito, K., T. Kuroda, M. Kunii, and N. Kohno, 2010b : Numerical simulations of Myanmar cyclone Nargis and the associated storm surge. Part 2 : Ensemble prediction. *J. Meteor. Soc. Japan*, **88**, 547-570.

Saito, K., M. Hara, M. Kunii, H. Seko, and M. Yamaguchi, 2011a : Comparison of initial perturbation methods for the mesoscale ensemble prediction system of the Meteorological Research Institute for the WWRP Beijing 2008 Olympics Research and Development Project (B08RDP). *Tellus* A, **63**, 445-467.

Saito, K., T. Kuroda, S. Hayashi, H. Seko, M. Kunii, Y. Shoji, M. Ueno, T. Kawabata, S. Yoden, S. Otuka, N.J. Trilaksono, T.Y. Koh, S. Koseki, L. Duc, X.K. Xin, W.K. Wong, and K.C. Gouda, 2011b : International research for prevention and mitigation of meteorological disasters in Southeast Asia. *Tech. Rep. MRI*, **65**, 198pp.

Saito, K., H. Seko, M. Kunii, and T. Miyoshi, 2012 : Effect of lateral boundary perturbations on the breeding method and the local ensemble transform Kalman filter for mesoscale ensemble prediction. *Tellus* A, **64**, doi : 10.3402/tellusa.v64i0.11594.

Saito, K., T. Tsuyuki, H. Seko, F. Kimura, T. Tokioka, T. Kuroda, L. Duc, K. Ito, T. Oizumi, G. Chen, J. Ito, and SPIRE Field 3 Mesoscale NWP group, 2013a : Super high-resolution mesoscale weather prediction. *J. Phys. Conf. Ser.*, **454**, 012073. doi : 10.1088/1742-6596/454/012073.

Saito, S., K. Kusunoki, and H. Inoue, 2013b : A case study of the merging of two misocyclones in the TOMACS Field Campaign Area of Tokyo on 26 August 2011. *SOLA*, **9**, 153-156.

Saito, K., T. Shimbori, R. Draxler, T. Hara, T. Toyoda, Y. Honda, K. Nagata, T. Fujita, M. Sakamoto, T. Kato, M. Kajino, T.T. Sekiyama, T.Y. Tanaka, T. Maki, H. Terada, M. Chino, T. Iwasaki, M.C. Hort, S.J. Leadbetter, G. Wotawa, D. Arnold, C. Maurer, A. Malo, R. Servranckx, and P. Chen, 2015 : Contribution of JMA to the WMO Technical Task Team on meteorological analyses for Fukushima Daiichi Nuclear Power Plant Accident and relevant Atmospheric Transport Modeling at MRI. *Tech. Rep. MRI*, **76**, 230pp.

Sakai, T., T. Nagai, M. Nakazato, T. Matsumura, N. Orikasa, and Y. Shoji, 2007 : Comparisons of Raman lidar measurements of tropospheric water vapor profiles with radiosondes, hygrometers on meteorological observation tower, and GPS at Tsukuba, Japan. *J. Atmos. Oceanic Technol.*, **24**, 1407-1423.

Seko, H., M. Kunii, Y. Shoji, and K. Saito, 2010 : Improvement of rainfall forecast by assimilations of ground-based GPS data and radio occultation data. *SOLA*, **6**, 81-84.

Seko, H., T. Miyoshi, Y. Shoji, and K. Saito, 2011 : A data assimilation experiment of PWV using the LETKF system : Intense rainfall event on 28 July 2008. *Tellus* A, **63**, 402-414.

Seko, H., T. Tsuyuki, K. Saito, and T. Miyoshi, 2013 : Development of a two-way nested LETKF system for cloud resolving model. *Data Assimilation for Atmospheric, Oceanic and Hydrological Applications*, **2**, 489-505.

Seko, H., M. Kunii, S. Yokota, T. Tsuyuki, and T. Miyoshi, 2015 : Ensemble experiments using a nested LETKF system to reproduce intense vortices associated with tornadoes of 6 May 2012 in Japan. *Progress in Earth and Planetary Science*, **2**, 42. doi : 10.1186/s40645-015-0072-3.

Shapiro, M.A. and A.J. Thorpe, 2004 : THORPEX international science plan. WMO/TD, 1246, 51pp.

Shoji, Y., M. Kunii, and K. Saito, 2009 : Assimilation of nationwide and global GPS PWV data for a heavy rain event on 28 July 2008 in Hokuriku and Kinki, Japan. *SOLA*, **5**, 45-48.

Suzuki, O., H. Niino, H. Ohno, and H. Nirasawa, 2000 : Tornado-producing mini supercells associated with Typhoon 9019. *Mon. Wea. Rev.*, **128**, 1868-1882.

Wulfmeyer, V. and coauthors, 2011 : The Convective and Orographically-induced Precipitation Study (COPS) : The scientific strategy, the field phase, and research highlights. *Q. J. R. Meteor. Soc.*, **137**, 3-30.

索　引

欧　文

AMeDAS　28
asuca　83

B08 RDP　69
BGM法　87

CAPE　41
COPS　68

DIAL　46

EHI　42

FDP　68
FT　89

GEONET　18
GNSS　46, 97
GPS　46, 97
GPS視線遅延量　101
GSM　60, 72

HPCI戦略プログラム　110

ICAO　108
ILO　108

JMA-NHM　83

K_{dp}　23

LES　61
LETKF　104, 112, 114
LFM　61, 80
LIDEN　33
Longの式　130

MSM　60, 73
　　——の予測精度　79

NAPS　71
NHM　83

PPI　20

RDP　68, 117
reliability diagram　92
ROC曲線　90
ROC面積スキルスコア　91

SRH　42
SV法　87
Sydney 2000 FDP　69

THORPEX　69
TOMACS　69, 117

UNEP　108
UNESCO　108
UNSCEAR　108

WINDAS　25
WMO　67, 108
WWRP　67, 117

XRAIN　35

Z_{dr}　23

ρ_{HV}　23
Φ_{dp}　23

ア　行

アジョイントモデル　88, 134
暖かい雨　101
圧縮系のモデル　131
アメダス　28
荒川―シューバート法　60
アンサンブルカルマンフィルタ　88, 103
アンサンブルスプレッド　89

アンサンブル平均　85
アンサンブル変換　88
アンサンブル予報　88

意思決定　86
遺失利益　86
位置ずれの考慮　93
移流拡散モデル　109
移流形式　123

ウインドプロファイラ　17, 24
運動方程式　48, 122

エクサスケールコンピュータ　119
エクスナー関数　53, 124
エコー頂高度　20
遠心力　48
鉛直下向き　48
掩蔽観測　99

温位　52, 124
音速　131
音波　131

カ　行

解析雨量　21, 31
解析誤差　103
解析値　62
海風前線　10
外部波　130
海面水温　65
確率的物理過程強制法　90
確率分布の図　114
確率密度関数　62
確率密度分布関数　63
確率予報　86
可降水量　78, 98, 100
下部境界条件　65
雷ナウキャスト　33
仮温位　53, 125

索　引

仮温度　53, 125
カルマンゲイン　104
乾燥断熱減率　127
観測項　134
観測誤差　103
観測誤差共分散　134
観測ビッグデータ　119

気圧傾度力　48, 122
気圧の予報方程式　126
気温減率　127
気体が行う仕事　52
気体定数　53, 124
気体の定積比熱　123
境界条件　64
境界値摂動　89
境界の影響　65
局所アンサンブル変換カルマンフィルタ　104
極端気象に強い都市創り　117
局地的大雨　8, 16
局地モデル　80

空気の平均分子量　124
雲解像データ同化　99
雲解像モデル　60
雲微物理　57

計算科学ロードマップ　119
傾度風平衡　50
ケイン-フリッシュ法　60
決定論的予報　95
ゲリラ豪雨　8
研究開発プロジェクト　68
原子放射線の影響に関する国連科学委員会　108
高解像度降水ナウキャスト　16
降水短時間予報　16, 31, 79
降水ナウキャスト　33
降水の検証　78
降水量　28
合成開口レーダー　105
国際民間航空機関　108
国際連合　108
国際労働機関　108
国連環境計画　108
国連教育科学文化機関　108
誤検出率　90

コストロスモデル　86
コリオリ力　49, 122

サ　行

最大瞬間風速　29
サイドストーリー　85
最尤推定　84, 132, 133
最尤推定値　62
サブグリッドスケール現象　57
差分吸収ライダー　46
山岳波　55

ジオイド面　48
視線遅延量　99, 100
持続予報　79
湿潤大気　125
質量保存の式　52
質量流束　52
週間天気予報　88
集中豪雨　5
従来型観測　77
重力加速度　48, 122
重力波　54, 128
重力波の振動数　129
首都圏稠密観測　117
条件付き確率密度関数　133
状態方程式　52, 123
上部境界条件　64
初期値　62
初期値摂動　87
シングルモーメント法　57
信頼度曲線　92
信頼度情報　84, 85

水蒸気による遅延　97
水蒸気ライダー　100
垂直偏波　23
水平偏波　23
数値解析予報システム　71
スコーラー数　130
スレットスコア　75, 78

成長モード育成法　87
静力学近似　53
静力学の式　123, 125
静力学平衡　50, 53
静力学モデル　53, 73
世界気象機関　67

積雲対流パラメタリゼーション　60
接線形モデル　88, 134
全球モデル　72
線形山岳波　130
全微分　123

側面境界条件　65
ソーダー　26

タ　行

第一推定値　62, 63
大気中の波　128
大気追跡風　100
大気の圧縮性　123
大気の安定度　128
大気の基礎方程式　47
大気の基礎方程式系　122
大気輸送拡散沈着モデル　109
対流許容モデル　61
ダウンバースト　13
楕円方程式　127
高潮　105
高潮シミュレーション　105
多数例平均　135
竜巻注意情報　39
竜巻発生確度ナウキャスト　40
ダブルモーメント法　57
単独予報　135
断熱変化　127

地形強制上昇　5
鳥瞰図
　バックビルディング形成の──　117
　メソ対流系の──　101, 102
超高解像度実験　113
潮汐力　49
直接観測　77

つくば竜巻　110

定圧比熱　124
適中率　78
データ同化　62
転倒ます型雨量計　28
テンプレート　93
天文潮　120

索引

同化ウインドウ　63, 134
等角投影　134
東南アジア気象災害軽減国際共同研究　105
特異ベクトル　88
特異ベクトル法　87
土壌雨量指数　32
ドップラー速度　22
ドップラーソーダー　26
ドップラーライダー　25, 100, 101
ドップラーレーダー動径風　78
ドルトンの分圧の法則　124, 125

ナ　行

内部エネルギー　123
内部重力波　128
内部波　130
ナウキャスト　16, 32
ナビエ-ストークスの式　48
ナルギス　105

二重罰問題　93
二重偏波レーダー　23, 100
ニュートンの運動の法則　48

熱潮汐　120
熱力学の第一法則　52, 123, 125

ハ　行

背景項　134
背景誤差共分散　103, 134
背景場　62
ハイブリッド座標　73
箱ひげ図　106
バックビルディング形成　115
パラメタリゼーション　57
バルクの落下速度　132
バルク法　57

非圧縮系のモデル　131
非静力学モデル　53, 73, 83
ひまわり8号　100
比容　123, 124
評価関数　63, 134
ビン法　58

ファジー検証　93
風向風速計　28
フェーズドアレイレーダー　20, 44, 100
復元力　54, 127
藤田スケール　12, 110
物理過程　57
普遍気体定数　124
ブライアスキルスコア　92
ブライアスコア　91
フラクションスキルスコア　93
フラックス　52
フラックス形式　123
ブラント-バイサラの振動数　54, 127, 129
プリンストン海洋モデル　105
ブロードバンドレーダー　20

平均海面　48
ベイズ推定　133
ベイズの定理　62, 132
平成23年7月新潟・福島豪雨　6
平成24年7月九州北部豪雨　7
平成26年8月豪雨　10, 81
平成27年9月関東・東北豪雨　8, 75
北京2008 RDP　69, 89
偏波レーダー　19
偏微分　123
変分法　63

ボイル-シャルルの法則　124
放射性物質　109
飽和水蒸気圧　53
ポスト「京」重点課題　119
捕捉率　90

マ　行

マーシャル-パルマーの逆指数分布　132
マップファクタ　135
マルチモデルアンサンブル　90

メソアンサンブル予報　90
メソサイクロン　22, 37
メソスケール現象　2
メソモデル　73

モデル摂動　90
モンテカルロ法　87

ヤ　行

4次元変分法　63
予報誤差　87
予報誤差共分散　103
予報誤差情報　85
予報実証プロジェクト　68

ラ　行

ライダー　18, 25
ラージエディシミュレーション　61
ラマンライダー　46
ランダム誤差　85
ランベルト等角図法　73, 134
乱流パラメタリゼーション　61

リアプノフベクトル　87
リードタイム　96
リモートセンシング　77
粒径の数濃度分布関数　131
粒径分布　57

レーダー　18
レーダー反射強度　20
連続の式　52, 123, 126

著者略歴

斉藤和雄
1957年　東京都に生まれる
1980年　気象大学校卒業
現　在　気象庁気象研究所研究総務官
　　　　理学博士

鈴木　修
1959年　山梨県に生まれる
1984年　名古屋大学大学院理学研究科博
　　　　士課程前期課程数学専攻修了
現　在　気象庁気象研究所気象衛星・観
　　　　測システム研究部部長

気象学の新潮流 4
メソ気象の監視と予測
―集中豪雨・竜巻災害を減らすために―　　定価はカバーに表示

2016年10月25日　初版第1刷

著　者　斉　藤　和　雄
　　　　鈴　木　　　修
発行者　朝　倉　誠　造
発行所　株式会社　朝　倉　書　店
　　　　東京都新宿区新小川町6-29
　　　　郵便番号　162-8707
　　　　電　話　03 (3260) 0141
　　　　Ｆ Ａ Ｘ　03 (3260) 0180
　　　　http://www.asakura.co.jp

〈検印省略〉

　　　　　　　　　　　　　　　　　　　　教文堂・渡辺製本
ⓒ 2016〈無断複写・転載を禁ず〉

ISBN 978-4-254-16774-0　C 3344　　Printed in Japan

JCOPY　＜(社)出版者著作権管理機構 委託出版物＞
本書の無断複写は著作権法上での例外を除き禁じられています．複写される場合は，
そのつど事前に，(社) 出版者著作権管理機構 (電話 03-3513-6969, FAX 03-3513-
6979, e-mail: info@jcopy.or.jp) の許諾を得てください．

前気象庁 新田　尚・環境研住　明正・前気象庁 伊藤朋之・
前気象庁 野瀬純一編

気象ハンドブック （第3版）

16116-8 C3044　　　　B 5判 1032頁 本体38000円

現代気象問題を取り入れ，環境問題と絡めたよりモダンな気象関係の総合情報源・データブック。〔気象学〕地球／大気構造／大気放射過程／大気熱力学／大気大循環〔気象現象〕地球規模／総観規模／局地気象〔気象技術〕地表からの観測／宇宙からの気象観測〔応用気象〕農業生産／林業／水産／大気汚染／防災／病気〔気象・気候情報〕観測値情報／予測情報〔現代気象問題〕地球温暖化／オゾン層破壊／汚染物質長距離輸送／炭素循環／防災／宇宙からの地球観測／気候変動／経済〔気象資料〕

前気象庁 新田　尚監修　気象予報士会 酒井重典・
前気象庁 鈴木和史・前気象庁 饒村　曜編

気象災害の事典
―日本の四季と猛威・防災―

16127-4 C3544　　　　A 5判 576頁 本体12000円

日本の気象災害現象について，四季ごとに追ってまとめ，防災まで言及したもの。〔春の現象〕風／雨／気温／湿度／視程〔梅雨の現象〕種類／梅雨災害／雨量／風／地面現象〔夏の現象〕雷／高温／低温／風／台風／大気汚染／突風／都市化〔秋雨の現象〕台風災害／潮位／秋雨〔秋の現象〕霧／放射／乾燥／風〔冬の現象〕気圧配置／大雪／なだれ／雪・着雪／流氷／風／雷〔防災・災害対応〕防災情報の種類と着眼点／法律／これからの防災気象情報〔世界の気象災害〕〔日本・世界の気象災害年表〕

日本雪氷学会監修

雪　と　氷　の　事　典

16117-5 C3544　　　　A 5判 784頁 本体25000円

日本人の日常生活になじみ深い「雪」「氷」を科学・技術・生活・文化の多方面から解明し，あらゆる知見を集大成した本邦初の事典。身近な疑問に答え，ためになるコラムも多数掲載。〔内容〕雪氷圏／降雪／積雪／融雪／吹雪／雪崩／氷／氷河／極地氷床／海水／凍上・凍土／雪氷と地球環境変動／宇宙雪氷／雪氷災害と対策／雪氷と生活／雪氷リモートセンシング／雪氷観測／付録(雪氷研究年表／関連機関リスト／関連データ)／コラム(雪はなぜ白いか？／シャボン玉も凍る？他)

北大 河村公隆他編

低温環境の科学事典

16128-1 C3544　　　　A 5判 440頁 本体11000円

人間生活における低温(雪・氷など)から，南極・北極，宇宙空間の低温域の現象まで，約180項目を環境との関係に配慮しながら解説。物理学，化学，生物学，地理学，地質学など学際的にまとめた低温科学の読む事典。〔内容〕超高層・中層大気／対流圏大気の化学／海洋化学／海氷域の生物／海洋物理・海氷／永久凍土と植生／微生物・動物／雪氷・アイスコア／大気・海洋相互作用／身近な気象／氷の結晶成長，宇宙での氷と物質進化

日大 首藤伸夫・東北大 今村文彦・東北大 越村俊一・
東大 佐竹健治・秋田大 松冨英夫編

津　波　の　事　典

　　　　16050-5 C3544　　A 5判 368頁 本体9500円
〔縮刷版〕16060-4 C3544　　四六判 368頁 本体5500円

世界をリードする日本の研究成果の初の集大成である『津波の事典』のポケット版。〔内容〕津波各論(世界・日本，規模・強度他)／津波の調査(地質学，文献，痕跡，観測)／津波の物理(地震学，発生メカニズム，外洋，浅海他)／津波の被害(発生要因，種類と形態)／津波予測(発生・伝播モデル，検証，数値計算法，シミュレーション他)／津波対策(総合対策，計画津波，事前対策)／津波予警報(歴史，日本・諸外国)／国際的連携／津波年表／コラム(探検家と津波他)

前東大 茂木清夫著

地 震 の は な し

10181-2 C3040　　　　A5判 160頁 本体2900円

地震予知連会長としての豊富な体験から最新の地震までを明快に解説。〔内容〕三宅島の噴火と巨大群発地震／西日本の大地震の続発(兵庫, 鳥取, 芸予)／地震予知の可能性／東海地震問題／首都圏の地震／世界の地震(トルコ, 台湾, インド)

元東大 下鶴大輔著

火 山 の は な し
― 災害軽減に向けて ―

10175-1 C3040　　　　A5判 176頁 本体2900円

数式はいっさい使わずに火山の生い立ちから火山災害・危機管理まで, 噴火予知連での豊富な研究と多くのデータをもとにカラー写真も掲載して2000年の有珠山噴火まで解説した火山の脅威と魅力を解きほぐす"火山との対話"を意図した好著

前東大 岡田恒男・前京大 土岐憲三編

地 震 防 災 の は な し
― 都市直下地震に備える ―

16047-5 C3044　　　　A5判 192頁 本体2900円

阪神淡路・新潟中越などを経て都市直下型地震は国民的関心事でもある。本書はそれらへの対策・対応を専門家が数式を一切使わず正確に伝える。〔内容〕地震が来る／どんな建物が地震に対して安全か／街と暮らしを守るために／防災の最前線

前防災科学研 水谷武司著

自 然 災 害 の 予 測 と 対 策
― 地形・地盤条件を基軸として ―

16061-1 C3044　　　　A5判 320頁 本体5800円

地震・火山噴火・気象・土砂災害など自然災害の全体を対象とし, 地域土地環境に主として基づいた災害危険予測の方法ならびに対応の基本を, 災害発生の機構に基づき, 災害種類ごとに整理して詳説し, モデル地域を取り上げ防災具体例も明示

前東大 井田喜明著

自然災害のシミュレーション入門

16068-0 C3044　　　　A5判 256頁 本体4300円

自然現象を予測する上で, 数値シミュレーションは今や必須の手段である。本書はシミュレーションの前提となる各種概念を述べたあと個別の基礎的解説を展開。〔内容〕自然災害シミュレーションの基礎／地震と津波／噴火／気象災害と地球環境

檜垣大助・緒續英章・井良沢道也・今村隆正・
山田 孝・丸山知己編

土 砂 災 害 と 防 災 教 育
― 命を守る判断・行動・備え ―

26167-7 C3051　　　　B5判 160頁 本体3600円

土砂災害による被害軽減のための防災教育の必要性が高まっている。行政の取り組み, 小・中学校での防災学習, 地域住民によるハザードマップ作りや一般市民向けの防災講演, 防災教材の開発事例等, 土砂災害の専門家による様々な試みを紹介。

日本災害情報学会編

災 害 情 報 学 事 典

16064-2 C3544　　　　A5判 408頁 本体8500円

災害情報学の基礎知識を見開き形式で解説。災害の備えや事後の対応・ケアに役立つ情報も網羅。行政・メディア・企業等の防災担当者必携〔内容〕[第1部：災害時の情報]地震・津波・噴火／気象災害[第2部：メディア]マスコミ／住民用メディア／行政用メディア[第3部：行政]行政対応の基本／緊急時対応／復旧・復興／被害軽減／事前教育[第4部：災害心理]避難の心理／コミュニケーションの心理／心身のケア[第5部：大規模事故・緊急事態]事故災害等／[第6部：企業と防災]

防災科学研 岡田義光編

自 然 災 害 の 事 典

16044-4 C3544　　　　A5判 708頁 本体22000円

〔内容〕地震災害-観測体制の視点から(基礎知識・地震調査観測体制)／地震災害-地震防災の視点から／火山災害(火山と噴火・災害・観測・噴火予知と実例)／気象災害(構造と防災・地形・大気現象・構造物による防災・避難による防災)／雪氷環境防災(雪氷環境防災・雪氷災害)・土砂災害(顕著な土砂災害・地滑り分類・斜面変動の分布と地帯区分・斜面変動の発生原因と機構・地滑り構造・予測・対策)／リモートセンシングによる災害の調査／地球環境変化と災害／自然災害年表

◈ シリーズ〈気象学の新潮流〉◈

気象学・気象技術の最先端の話題をわかりやすく解説

首都大 藤部文昭著
気象学の新潮流1
都市の気候変動と異常気象
――猛暑と大雨をめぐって――
16771-9 C3344　　　　　　　A5判 176頁 本体2900円

本書は、日本の猛暑や大雨に関連する気象学的な話題を、地球温暖化や都市気候あるいは局地気象などの関連テーマを含めて、一通りまとめたものである。一般読者をも対象とし、啓蒙的に平易に述べ、異常気象と言えるものなのかまで言及する。

横国大 筆保弘徳・琉球大 伊藤耕介・気象研 山口宗彦著
気象学の新潮流2
台風の正体
16772-6 C3344　　　　　　　A5判 184頁 本体2900円

わかっているようでわかっていない台風研究の今と、最先端の成果を研究者目線で一般読者向けに平易に解説〔内容〕凶暴性／数字でみる台風／気象学／構造／メカニズム／母なる海／コンピュータの中の台風／予報の現場から／台風を追う強者達

WMO 中澤哲夫編集
東海大 中島 孝・前名大 中村健治著
気象学の新潮流3
大気と雨の衛星観測
16773-3 C3344　　　　　　　A5判 176頁 本体2900円

衛星観測の基本的な原理から目的別の気象観測の仕組みまで、最新の衛星観測の知見をわかりやすく解説〔内容〕大気の衛星観測／降水の衛星観測／衛星軌道／ライダー・レーダー／TRMM／GPM／環境汚染／放射伝達／放射収支／偏光観測

前気象庁 古川武彦・気象庁 室井ちあし著
現代天気予報学
――現象から観測・予報・法制度まで――
16124-3 C3044　　　　　　　A5判 232頁 本体3900円

予報の総体を自然科学と社会科学とが一体となったシステムとして捉え体系化を図った、気象予報士をはじめ予報に興味を抱く人々向けの一般書。〔内容〕気象観測／気象現象／重要な法則・原理／天気予報技術／予報の種類と内容／数値予報／他

前東北大 浅野正二著
大気放射学の基礎
16122-9 C3044　　　　　　　A5判 280頁 本体4900円

大気科学、気候変動・地球環境問題、リモートセンシングに関心を持つ読者向けの入門書。〔内容〕放射の基本則と放射伝達方程式／太陽と地球の放射パラメータ／気体吸収帯／赤外放射伝達／大気粒子による散乱／散乱大気中の太陽放射伝達／他

気象大 水野 量著
応用気象学シリーズ3
雲と雨の気象学
16703-0 C3344　　　　　　　A5判 208頁 本体4600円

降雪を含む、地球上の降水現象を熱力学・微物理という理論から災害・気象調節という応用面まで全領域にわたり解説。〔内容〕水蒸気の性質／氷晶と降雪粒子の成長／観測手段／雲の事例／メソスケール降雨帯とハリケーンの雲と降水／他

立正大 吉崎正憲・気象庁 加藤輝之著
応用気象学シリーズ4
豪雨・豪雪の気象学
16704-7 C3344　　　　　　　A5判 196頁 本体4200円

日本に多くの被害をもたらす豪雨・豪雪は積乱雲によりもたらされる。本書は最新の数値モデルを駆使して、それらの複雑なメカニズムを解明する。〔内容〕乾燥・湿潤大気／降水過程／積乱雲／豪雨のメカニズム／豪雪のメカニズム／数値モデル

日本気象学会地球環境問題委員会編
地球温暖化
――そのメカニズムと不確実性――
16126-7 C3044　　　　　　　B5判 168頁 本体3000円

原理から影響まで体系的に解説。〔内容〕観測事実／温室効果と放射強制力／変動の検出と要因分析／予測とその不確実性／気温、降水、大気大循環の変化／日本周辺の気候の変化／地球表層の変化／海面水位上昇／長い時間スケールの気候変化

統数研 樋口知之編著
シリーズ〈予測と発見の科学〉6
データ同化入門
――次世代のシミュレーション技術――
12786-7 C3341　　　　　　　A5判 256頁 本体4200円

データ解析（帰納的推論）とシミュレーション科学（演繹的推論）を繋ぎ、より有効な予測を実現する数理技術への招待〔内容〕状態ベクトル／状態空間モデル／逐次計算式／各種フィルタ／応用（大気海洋・津波・宇宙科学・遺伝子発見）／他

上記価格（税別）は 2016 年 9 月現在